traveling **88** distilleries
SINGLE MALT WHISKY

全球單一純麥威士忌
一本就上手

SCOTLAND · IRELAND · JAPAN · SWEDEN · TAIWAN

黃培峻 著

目錄

第 1 章　蘇格蘭

1-1 艾雷島區 Islay

1-2 高地區 Highland

目錄

目錄

1-6 島嶼區 Island

目錄

自序：我的威士忌之旅

2002 年，當我到蘇格蘭讀書，就注定我要跟威士忌談戀愛了。在蘇格蘭的求學生活，你必須學會如何與寂寞相處，也必須學會如何自己找樂子排解寂寞。每天夜晚除了讀書，細細的品嚐威士忌就是我排解寂寞的好方法。每當假日時，我就會開車去蘇格蘭的產區，逛逛我喜愛的酒廠。我永遠都忘不了初逛第一家酒廠 Aberlour 帶給我的感動，原來親自到酒廠才能真正體會製酒人的想法與堅持，也才能體會當地的風土所能帶給我們手上那杯酒的影響。

何其幸運，2006 年，因緣際會下，我成為了蘇格蘭麥芽威士忌協會台灣分會的會長。負責推廣協會在台的業務，也因為工作的關係認識了許多國外或國內的相關從業人員，不僅讓我有機會喝到更多好酒，也讓我有更多機會出國參觀酒廠。從我正式踏入這行，就期許自己要更專業，當跟人分享威士忌時，不僅要喝過還應該要去當地參觀過。我總共花了八年的時間，足跡遍及蘇格蘭、愛爾蘭、日本與瑞典，到目前為止已經參觀過 128 家蒸餾廠，當然數字還會繼續增加下去，我想即便我終其一生，都不一定能把全世界所有威士忌酒廠全部逛完。

2009 年我創辦了 *Whisky Magazine* 中文版，也舉辦了第一屆 Whisky Live 台北站；在這同一年也開了一家威士忌酒吧 Whisky Gallery，酒吧裡放著超過 600 種的威士忌，目的就是推廣威士忌文化。

一路上我都執著在我喜愛的威士忌產業上。2011 年參與了投資併購日本輕井澤威士忌，雖然這家酒廠關掉了，剩下好的酒桶有一半都在我手上。而為了更了解威士忌酒廠的運作，2012 年我參與了投資 Isle of Harris 蒸餾廠的投資案，不久的將來

我也會擁有自己的蒸餾廠。也由於我對產業的付出，這一年也獲得台灣 Pernod Ricard（保樂力加）集團的提名，成為蘇格蘭威士忌業界最高榮譽雙耳小酒杯執持組織（Keeper of Quaich）的終身會員。

我很自豪的說，目前大中華區威士忌的領域，沒有一個人能夠跟我有相同經歷，這麼精采有趣。只能說我真的很幸運，一路上有那麼多同業好友幫我，讓我的威士忌之旅一路走到現在都很順利，也希望未來能更精采！

為何要寫這本書呢？我非常感謝本書編輯貝莉的鼓勵。她希望我把那麼多年參觀酒廠經驗集結成書分享給讀者。尤其目前華人圈的威士忌相關書籍都是翻譯書，還沒有任何華人作家出過這類的書籍，她希望我能成為這個領域的第一位華人作家。沒有她的鼓勵，以及貼心的 Wenny 協助我整理過去的照片與資料，我想這本書應該還要等好幾年以後，我老了閒閒沒事幹的時候才會出版。最後，我衷心的希望這本書能幫助所有的讀者更進一步了解威士忌，讓讀者透過這本書跟我一起去威士忌的世界旅行。

關於本書「C/P 值」定義：
每瓶酒都有值得欣賞的地方。書中評論 C/P 值高低，並不是代表好不好喝，而是有些酒比較缺少，導致物以稀為貴，所以花更多的錢買相同感受。所以我會給這樣的酒 C/P 值較低，並無關好不好喝！

關於「價格」：
因售價時有變動，本書價格僅供參考。

威士忌品飲方式

純飲 / Straight

　　將威士忌直接倒進酒杯品飲。一般在酒吧品飲以 Single 30ml 為基本份量，或是直接點 Double 60ml 份量，在比較有質感與專業的酒吧中，會以品酒杯（鬱金香杯）盛裝，較能細細品嚐細微的香氣與欣賞金黃或是琥珀等不同色澤。若是想要享受更複雜的香氣變化時可以加入常溫水一起飲用。

加冰塊 / On The Rock

　　在傳統威士忌杯中先加入大顆冰塊，將威士忌沿著冰塊慢慢倒入到酒杯的一半高，再用攪拌棒稍微攪拌即可。若是在比較有質感或講究的酒吧中則會選用老冰，老冰是於 -22℃以下急速冷凍約一週的冰塊，特質是裁切時較容易裁切出想要的形狀且在酒中融化較慢。

水割 / Whisky and Water

將較小的冰塊加到高平底酒杯中，倒入約 1/3
酒杯份量的威士忌，充分攪拌後再加入小顆冰塊
後，通常加入威士忌份量 1 倍到 1.5 倍的份量即可，
濃度可依個人喜好調整。

加蘇打水 / High Ball

在高平底杯中先加入冰塊，依個人喜好倒入
Single 或是 Double 份量的威士忌，之後再加入蘇打
水稍微攪拌即可。

Single Cask 單桶原酒

從單一酒桶中取得的麥芽威士忌裝瓶的商品。多半是桶裝強度原酒。

Single Malt Whisky 單一純麥威士忌

只用同一所威士忌蒸餾廠的麥芽威士忌調和裝瓶的威士忌。

Smoky Flavor 煙燻香

烘乾麥芽的程序中來自焚燒泥煤的煙燻味。有時也用泥煤味來形容。這類酒以艾雷島最為知名。

Solera 雪莉桶陳釀系統

為確保每個年份的作品風味一致，雪莉酒有一套獨特的培養方式，稱為「Solera 系統」：酒廠每年從層層堆疊的陳酒橡木桶中，取 1/3 最底層陳年最久的酒液裝瓶，再從上一層木桶抽取 1/3 次陳年酒補滿底層橡木桶，以此類推，剛釀好的最新年份酒則添入最上層酒桶。混合了多年份酒液的雪莉酒變得更多樣複雜，從琥珀色到黑檀木色，從特乾到濃甜，不同種類各有千秋；口味細緻並帶有蘋果及酵母香的不甜雪莉酒更是唯一適合當成開胃酒的加烈酒。

雪利酒通常都需在 Solera 系統中陳化 3 年以上。一旦瓶裝，雪利酒將不會進一步陳年，應該儘快飲用。

Spirits Still 烈酒蒸餾器

將第一次蒸餾取得的低度酒（Low Wine）再蒸餾一次，因此又稱低度蒸餾器（Low Wine Still），也用於麥芽威士忌第二次蒸餾的蒸餾器。這道程序稱為二次蒸餾，提煉出的蒸餾酒（新酒）的酒精濃度大約是 60 至 70%。

Un-Chill Filtered 非冷凝過濾

指未冷卻過濾的威士忌。酒桶成熟的威士忌在冷卻成熟後，部份的香味成份會結晶、渾濁。加冰塊飲用的時候也會發生相同現象。因此一般會進行冷卻過濾，防止該現象發生。不過有些威士忌會略過此過程讓香味更豐富，像是一些單桶原酒或高濃度威士忌。

Vatted Malt Whisky 調和麥芽威士忌

多種麥芽威士忌混合的麥芽威士忌。通常用來調合的麥芽威士忌多來自不同的蒸餾廠。在 2005

年英國威士忌協會開始呼籲各酒廠將調和麥芽威士忌標示為「Blended Malt Whisky」。

Wash 酒汁

在麥汁裡添加酵母菌放入發酵槽內發酵後所產生的物質。酒汁的酒精濃度為 7% 至 8%。

Wash Back 發酵槽

製造酒汁的容器，有木製、鐵製、不鏽鋼等等。

Wash Still 酒汁蒸餾器

威士忌第一次蒸餾時使用的銅製蒸餾器。

Wood Finish 過桶

在熟成的最後階段，將威士忌放入另一種不同風格或種類的酒桶中，以添加其獨特風味，這也是威士忌調酒師展現所負責品牌風味和特色的重要步驟。

Worm Tubes 蟲桶

線圈形銅管，向下螺旋狀的冷凝器，使蒸餾後的蒸汽凝結成液體。

將林恩臂所收集的酒氣，通過向下螺旋狀的管線，一圈一圈的環繞在木桶內進行冷凝。冷凝速度比全包覆式的冷凝器慢，卻能得到更醇厚的酒體，保有更多香氣。

Wort 麥汁

將絞碎的大麥和熱水一起加入糖化槽後所產生的麥汁，很像甜甜的大麥汁。

Yeast 酵母

讓麥汁發酵為酒精的真菌。和做麵包時使用的酵母菌是同種類的細菌。

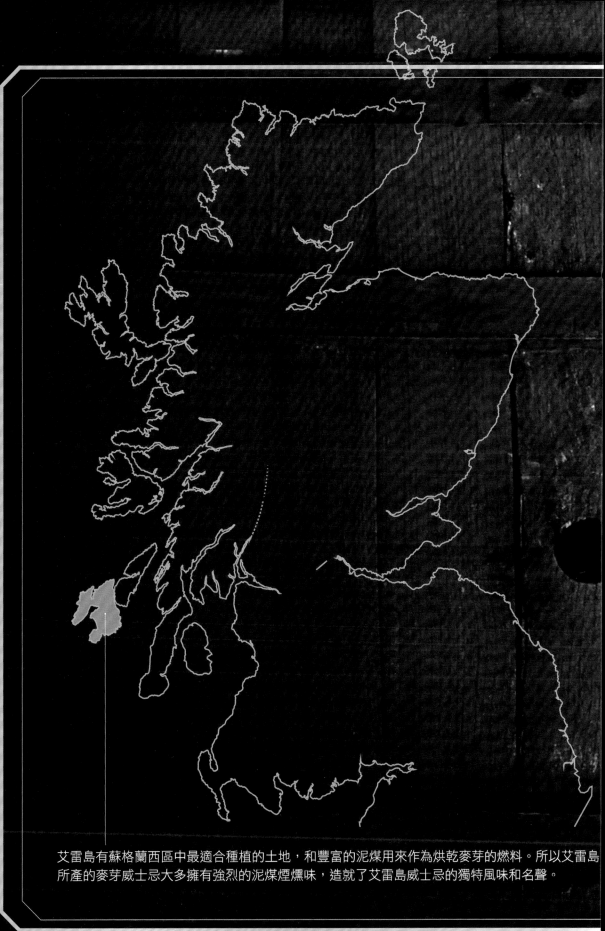

艾雷島有蘇格蘭西區中最適合種植的土地，和豐富的泥煤用來作為烘乾麥芽的燃料。所以艾雷島所產的麥芽威士忌大多擁有強烈的泥煤煙燻味，造就了艾雷島威士忌的獨特風味和名聲。

第1章 蘇格蘭

1-1 艾雷島區 Islay

泥煤野獸
Ardbeg
雅柏

Ardbeg 蓋爾語的原意為「狹小的海角」。Ardbeg 酒廠於 1798 年開始生產威士忌,直到 1815 年在 Macdougal 家族手上才開始商業性的釀造;1886 年,Ardbeg 酒廠在總人口 200 多人的村莊裡就雇用了 60 名釀酒工人,締造了每年產量達到 113.5 萬升的紀錄。但到了 1977 年,擁有經營權的 Hiram Walker 公司卻決定停止自行燻烤麥芽,甚至在 1979 年決定所有的威士忌都不再使用以泥煤燻烤的麥芽,這樣倒行逆施的結果當然是讓顧客大量流失,導致 1981 年酒廠關閉。

讓 Ardbeg 重生的是 1997 年入主的 Glenmorangie 酒廠,並於 2004 年隨著 Glenmorangie 一同歸屬 Moet Hennessy Louis Vuitton 集團(簡稱 LVMH),隨著集團的行銷,Ardbeg 開始為全世界的威士忌迷所熟知。2000 年,以 Stuart Thomson 為首的數千名愛好 Ardbeg 的人組成了 Ardbeg 委員會,宗旨是確保 Ardbeg 永遠不再關廠,現在會員已經超過了 3 萬人,可見 Ardbeg 魅力多麼無遠弗屆。甚至可以大膽的說:沒喝過 Ardbeg,別說你喝過艾雷島的威士忌!

酒廠資訊

地址:Port Ellen, Islay, Argyll PA42 7EA.

電話:+44 (0) 1496 302244

網址:www.ardbeg.com/ardbeg/distillery

Ardbeg 酒廠有一隻可愛的狗，在你參加酒廠解說導覽時，若經過磨麥區的牆旁，你可以發現酒廠還為牠製作了一個可愛的雕像呢！據酒廠的朋友說，酒廠的遊客餐廳是艾雷島上數一數二的餐廳，在午餐時間，許多其它酒廠的員工都會跑來這裡捧場。酒廠旁有個像小山堆的岩石區，只有那裡才能拍到酒窖牆外印的 Ardbeg 幾個大字，這是所有來參觀艾雷島威士忌迷的潛規則，一定要與這個印有酒廠大字的外牆合照，才能證明你真正來過這裡。上來岩石區拍照的同時，我才感受到原來酒廠承受的海風如此強勁，那海風強大到眼睛都快張不開了，不禁想到 Ardbeg 的酒桶經年累月承受這麼強烈的海風，難怪塑造出如此強勁的風味與野獸般的泥煤口感。

在 Octomore 以及其它一些小品牌威士忌推出了以超高泥煤含量為號召的威士忌酒款後，Ardbeg 不再是泥煤含量最高的代表；但若要在蘇格蘭的 Single Malt 中找一支泥煤特色最突出的酒款，相信大多數酒迷的答案還是只有素有「艾雷島野獸」之稱的威士忌── Ardbeg。除了強勁的泥煤風味，Ardbeg 也有動人細緻的水果香氣。如果你細細的品嚐它，就會發現 Ardbeg 威士忌其實是外表強硬但內心溫柔的野獸呢！

Ardbeg 10 Years Old

香氣：煙燻果香，泥煤香氣伴隨著淡淡檸檬與萊姆香氣，隨後伴隨著淡淡的黑巧克力香氣，非常迷人。

口感：淡淡泥煤味帶有肉桂芬芳的太妃糖甜味。隨後有淡淡的香草與巧克力的味道，細細察覺還能感受到咖啡的餘韻。

尾韻：細緻且悠長，是一款很細緻耐喝的艾雷基本款威士忌。

C/P 值：●●●●○

價格：NT$1,000 ～ 3,000

Ardbeg Blasda

香氣：淡淡的丁香與松果的香氣，伴隨著芬芳的香草香氣。充滿微微的海風味特別迷人。

口感：清新、柔順與細緻。堅果與細緻的香草味道完美的結合在一起。海風的鹽味非常輕柔，讓人好像置身在海灘喝這杯酒。

尾韻：細緻悠長。

C/P 值：●●●○○

價格：NT$1,000 ～ 3,000

Ardbeg Supernova

香氣：濃郁的泥煤香氣並伴隨著淡淡的西洋梨香氣與悠悠的香草香氣。黑巧克力與辛香胡椒瀰漫而出。香氣尾段還伴有黑醋栗的香氣，是一款香氣非常豐富的艾雷島威士忌。

口感：口感厚實，煙燻與海鹽味道非常顯明。雪茄香味、黑巧克力與熱帶水果的味道逐漸增強，最後則呈現出咖啡豆與烤杏仁的味道。

尾韻：悠長持久，尾段帶出海風煙燻味道讓人陶醉其中。

C/P 值：●●●●●

價格：NT$5,000 以上

Ardbeg 10 Years Old & 巧克力

　　強勁而飽滿的泥煤煙燻味、漂亮的花果香、厚實的酒體，Ardbeg 10 年就是這麼一支具備了所有典型的艾雷島威士忌風格，又帶著美妙甜味的酒款，而這股甜味跟巧克力真是絕美的搭配，尤其是可可 % 數偏高的巧克力，入口的瞬間，因為 Ardbeg 10 年而略顯燥熱的口腔馬上帶著芬芳的可可香氣融化開來，撫慰受到泥煤侵襲的舌頭，等到甜味褪去後，已經被柔化，隱藏在剛強表面底下，Ardbeg 10 年各種細緻的味道如太妃糖、牛奶、葡萄乾、檸檬、熟透的香蕉等等一個接一個的展現出來。

Bunnahabhain 12 Years Old

香氣：麥芽清新的香氣伴隨著淡淡煙燻水果複雜香氣。靜下心來你會發現有一股像是站在海邊旁的海風香味。

口感：渾厚圓潤，淡淡果香及堅果味並伴隨著麥芽甜味。還有一絲絲的藻鹽味道。

尾韻：非常持久，我喜歡有股緩緩散發出的海風麥芽香甜味！

C/P 值：●●●●○

價格：NT$1,000～3,000

Bunnahabhain 18 Years Old

香氣：釋放出蜂蜜堅果味以及微微海洋風味迷人香氣，接著逐漸呈現濃郁太妃糖及水果香氣。如果說 12 年的海風味是在海邊，18 年的海風味就像搭著漁船置身在海洋中，那種像海洋的氣味。

口感：成熟堅果味並帶有微甜的熟成葡萄的甜味。隨後你可以清楚地感覺到柑橘巧克力與海水的淡淡鹹味。

尾韻：先是乾澀的感覺，接著淡淡的木桶煙烤味散佈口中，再轉成深海中的海洋鹽味及雪莉酒香味。

C/P 值：●●●●●

價格：NT$3,000～5,000

Bunnahabhain 25 Years Old

香氣：焦糖布丁的香氣，混合著複雜的橡木及煙烤堅果味，完美的交錯有致。深層香氣你能感受到熟成葡萄與淡淡的奶油巧克力香氣。

口感：圓潤厚實，迷人的蜜糖及奶油結合成美妙的口感，接著轉變成烤過的堅果及香甜的麥芽味，在伴隨著木桶辛香味為輔助，完美均衡。

尾韻：持久且複雜。熟成葡萄與蜂蜜的味道持久不散，是一款非常值得喝的老酒。

C/P 值：●●●●●

價格：NT$5,000 以上

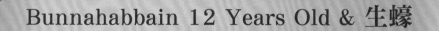

Bunnahabbain 12 Years Old & 生蠔

艾雷島每年夏初都會舉辦艾雷島威士忌嘉年華，島上最具代表性的傳統美食就是現開生蠔淋上威士忌，而島上現存的 8 家酒廠之中，最適合跟生蠔搭配的威士忌就是 Bunnahabbain 了，沒有嗆人的泥煤味，Bunnahabbain 柔和而優雅的煙燻海風味與生蠔的鮮味有很棒的搭配，而且可以完全去除海鮮腥味，讓人吃再多都不會感到膩口。

的改變了原本應有的精神，出來的成品似乎少了許多東西。但 Kilchoman 承襲了艾雷島的精神，但又賦予其威士忌不一樣的獨特性。滿足了威士忌迷對艾雷島的期望，但又創造出自己的風格，沒有一昧的比較泥煤多寡，反而呈現出新一代的樣貌。

Kilchoman 的 3 年、5 年新酒，屬於口味溫和的艾雷島威士忌。優雅、平衡且非常順口，沒有讓人不舒服的過度強烈艾雷味，屬於中等泥煤，像是艾雷的 Lady，有氣質、涵養的狂野艾雷美少女，是一種複雜但有意思、值得細細品味的味道。

推薦單品

Kilchoman Spring 2011 Release

香氣：初聞酒精味過重，可能是酒齡比較年輕的問題。陳放過一陣子後，細緻的泥煤味、西洋梨、鳳梨、檸檬皮與香草香氣逐漸釋放出來。建議喝這款酒時，需要等一下，讓它醒一下。

口感：渾厚，細緻的泥煤煙燻味、奶油起司與綜合水果味融合的非常好。

尾韻：中長，尾段有一股鳳梨泥煤味。

C/P 值：●●●○○

價格：NT$1,000 ～ 3,000

Kilchoman Sherry Cask Release 5 Years 46%

香氣：一樣的問題，需要醒一下。厚重的泥煤香氣、強烈的木桶香氣、濃郁的柑橘皮與黑巧力的香氣。

口感：厚重，非常強勁的酒體。雪莉酒的味道與橡木桶煙烤味道完美的融合在一起，隨後泥煤的味道非常強勁。

尾韻：中長，尾段強烈的泥煤味非常持久。

C/P 值：●●●○○

價格：NT$1,000 ～ 3,000

Lagavulin 12 Years Old

香氣：輕柔使人陶醉，令人聯想到臨海的牧場，有稻草、木頭煙燻、火柴與剛出爐的麵包等；隨後展現出夏天的海岸風情，鹹鹹的海風與淡淡煙燻味。

口感：甘甜柔順，帶點檸檬味、淡淡的草本味、黑巧克力、與煙燻堅果味道。

尾韻：持久溫暖的煙燻焦油味。

C/P 值：●●●●○

價格：NT$1,000 ～ 3,000

Lagavulin 16 Years Old

香氣：直接撲鼻而來的是泥煤煙燻味，伴隨著海藻，以及淡淡的海風與麥芽香氣。

口感：口腔充滿盈輕柔的泥煤煙燻味，但同時擁有鮮明的甜味，隨之而來的是海水的鹹味，帶點橡木桶風味，讓我聯想到用核桃木燻烤的煙燻烤鴨！

尾韻：悠長的尾韻，優雅細緻的泥煤氣息，伴隨著大量海鹽及海藻的氣味。

C/P 值：●●●●○

價格：NT$1,000 ～ 3,000

Lagavulin 21 Years Old

香氣：微微的海藻氣味，有著蠟筆與松脂油的氣味，隨後的熟透水果甜香漸漸的越來越明顯，伴隨著奶油與焦糖香，最後是淡淡的煙燻泥煤味。

口感：濃郁飽滿，太妃糖的甜、暖和的木頭與堅果風味，以及更多的奶油和黑巧克力，和淡淡一抹海水的鹹味。

尾韻：複雜有深度，有火烤木片與煙燻味，以及甜美的風味收尾。

C/P 值：●●●●○

價格：NT$5,000 以上

Lagavulin 21 Years & 煙燻烤鴨

　　豐沛、甜美，清新雅緻的煙燻與泥煤香氣，很少有一支艾雷島的威士忌可以喝起來如此優雅，而又不失艾雷島的典型風味。很有趣的是這樣的味道跟台灣常見的一鴨三吃非常搭配。切片包入麵皮的部份，甜麵醬的甜味與 Lagavulin 21 年的甜味非常和諧，而微微的煙燻香氣與鴨皮的味道搭配的也非常的好；快炒的部份，香辣的醬汁又與 Lagavulin 21 年的泥煤氣息有很棒的呼應，兩者加乘起來，可是有次方以上的味覺變化！

限量第 1 版到第 12 版，皆給予非常高的評價，價格也不斷的高漲。如同許多藝術家般，總是要離世了，其作品才真正為世人們關注，而 Port Ellen 更像梵谷，在關廠許多年後推出的限量威士忌，才被大家肯定其價值與賦予最高的評價。

推薦單品

Port Ellen 32 Years Old 1979

香氣： 平易近人的香氣表現，從細緻的煙燻芳香、石楠蜂蜜，到濃密奶香焦糖，滿滿的頭煙燻香，帶出麥糖和柑橘香。稀釋後的煙燻味變得更持久，多點油脂味、熱帶水果和奶油香。

口感： 甜與酸的奇妙同時非常可口的組合，甜美的水果煙燻味、苦味巧克力、迷人細緻的煙燻味；適合純飲，但是稀釋後會增添些許的海洋風味。

尾韻： 表現滿集中的，如絲的單寧味，持久的煤炭煙燻味；稀釋後則是馥郁甜美，加上適度的煙燻味做結尾。

C/P 值： ●●●●●

價格： NT$5,000 以上

品酒筆記

高地區的地理範圍為蘇格蘭最大的一區。屬於蘇格蘭多山多丘的地帶，地形起伏較為劇烈，氣候也較嚴峻不穩定。此區所產的威士忌風味和形象相對的較強烈和突出。由於高地區的範圍極廣，許多威士忌評鑑師又將高地區細分為北高地、南高地、東高地、西高地等區域。概略來說，北高地的蒸餾廠多緊鄰於海，特色是有明顯的海風風味，屬中度酒體有層次感的淡雅風味。南高地的酒質普遍清淡且較其它高地區甘甜，擁有花香與辛辣的香氣味。東高地的地形與氣候適合種植大麥，所以威士忌特色為麥芽香甜味、些許的煙燻味、太妃糖般香甜、淡淡的柑橘，以及辛香料味。西高地區的威士忌酒體普遍輕淡，有著些許的泥煤煙燻味，以及合成樹脂的氣味。

第 1 章 蘇格蘭

1-2 高地區 Highland

Dewar's 威士忌的故鄉
Aberfeldy
艾柏迪

　　Aberfeldy 酒廠於 1896 年由 John Dewar & Sons 所建立，同名的小鎮正巧位於柏斯郡地區歷史與地理的中心，酒廠位於蘇格蘭最長、水量最豐沛的 River Tay 旁。酒廠不遠處的 Loch Tay 景色優美，是伯斯郡最大的湖，它的水源來自 Pitilie Burn 河。Aberfeldy 的蓋爾語是「水神之池」的意思，象徵 Pitilie Burn 泉水的珍貴與清澈。也由於水源與附近天然環境資源的優勢，酒體有著清甜與果香味。

　　酒廠成立之初，就是設定專門作為 Dewar's 調和式威士忌的主要基酒。Dewar's 使用大麥、酵母和 Pitilie Burn 泉水釀造，在蘇格蘭橡木桶中成熟及裝瓶。Dewar's 帝王酒釀的第一位首席調酒師還發明了「二次陳釀法」（Double Age），將來自蘇格蘭不同區域的威士忌，經過調酒師的技術混合調配後，存放於陳年橡木桶中一段時間，以創造柔順圓滑的口感。而 Dewar's 威士忌是全世界銷量排名第 7 的威士忌，還曾經締造出許多年全美國銷售第一。

　　Aberfeldy 酒廠出的單一純麥威士忌非常的少，可說是 Dewar's 的心

酒廠資訊

地址：Aberlfeldy, Perthshire PH15 2EB

電話：+44 (0)1887 822010

網址：www.dewars.com/lda

臟，造訪酒廠的時候，幾乎如造訪 Dewar's 的
品牌與酒廠般，其仿真的博物館、歷史介紹、
以及調和式威士忌的製造過程等都很清楚。

推薦單品

Aberfeldy 12 Years Old

香氣：芬芳的柑橘、淡雅的煙燻氣味、麥芽甜香與熟透的
葡萄香氣。

口感：淡淡的油脂味、多變多元的水果風味，你能明顯感
覺到柑橘、葡萄、香瓜與細緻的櫻桃味道。口感有
活力、清新充滿風味。

尾韻：綿長持久的水果風味糖果 。

C/P 值：●●●○○

價格：NT$1,000 ～ 3,000

Aberfeldy 21 Years Old

香氣：蜂蜜、水果的香氣使濃厚的麥芽香增添些活力。細
緻的草香、橡木桶的香氣與清淡的花香，是一款香
氣變化分明的酒款。

口感：柔順圓潤。香草，柑橘、鳳梨與西洋梨的味道，搭
配細緻橡木煙燻風味。

尾韻：圓潤悠長，成熟白桃與蜂蜜的風味緩緩的消散淡去。

C/P 值：●●●○○

價格：NT$3,000 ～ 5,000

推薦單品

Balblair 2000 Vintage

香氣： 西洋梨、鳳梨、青蘋果、蜂蜜和香草香氣交互呈現，我特別喜歡它的麥芽香，非常細緻！

口感： 厚重中帶有輕柔。蜂蜜的甜味，然後花香、豐富的西洋梨和辛香料逐漸增加。

尾韻： 柔順持久，細緻的麥芽香甜味很棒。

C/P 值： ●●●○○

價格： NT$1,000 ～ 3,000

Balblair 1997 Vintage

香氣： 杏仁、堅果、辛香料與麥芽的香氣伴隨著細緻的橡木的香氣。

口感： 滑順般的口感，開始有橡木味道、葡萄乾、香料然後香草味逐漸增加。

尾韻： 可惜尾韻稍短。

C/P 值： ●●●○○

價格： NT$1,000 ～ 3,000

打破蘇格蘭威士忌產業傳統的酒廠
Ben Nevis
本尼維斯

　　Ben Nevis 於 1825 年由 John Maconald 建立，位於蘇格蘭西岸、大不列顛的最高山 Ben Nevis 腳下。水源來自於山上的兩個湖，由於水源經過天然泥炭沼澤地，帶來了些微的泥炭氣味；酒廠擁有兩對蒸餾器、年產量約 200 萬公升。酒廠距離 Oban 蒸餾廠很近，通常來到這裡也會一起造訪 Oban。

　　1955 年，Maconald 將酒廠賣給了 Joseph Hobbs，新主人替酒廠新增了一台自動化的穀類蒸餾器後，Ben Nevis 曾經有段時間成為第一家同時可以蒸餾麥芽威士忌與穀物威士忌的酒廠。之後幾經易主、酒廠功能也只留下蒸餾麥芽威士忌為主。1986 年曾經關廠，直到 1989 年被日本余市威士忌所屬集團 Nikka Distillery 收購，成為少數日本公司擁有的蘇格蘭酒廠後，才在 1991 年繼續生產。

　　Nikka 入主後翻新酒廠、整頓並開放旅客中心、對蒸餾器也做了一些改良，讓酒體呈現較重與豐潤的口味，例如 10 年的單一純麥威士忌麥芽味豐富、強調橡木與泥炭的平衡。不過，除了改良風味之外，Nikka 對於

酒廠資訊

地址：Loch Bridge, Fort William PH33 6TJ

電話：+44 (0)1397 702476

網址：www.bennevisdistillery.com

酒廠規劃與風格卻令我有點驚訝，不像一般日商併購酒廠之後會呈現的乾淨整齊風格，如 Suntory（三得利）集團旗下的 Auchentoshan，反倒像是有些舊舊髒髒的大型工廠；再加上他們單一純麥威士忌產量產量不多，在市面上較少見，也不如 Suntory 集團下的另一間威士忌酒廠 Bowmore 有著細心的規劃跟市場行銷。

由於實在太不像日本公司的風格，我基於好奇小小研究了一下發現，Ben Nevis 在 1980 年後期被 Nikka 併購後，一直持續穩定的生產威士忌，還內部改良了酒廠的木材政策，讓他們有足夠的能力將現有的木桶轉移到新鮮的雪莉酒和波本酒，這個新的木材政策讓酒廠的經營與木桶狀況穩定，也有了新的方向。

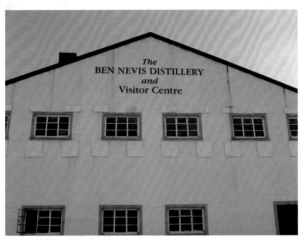

推薦單品

Ben Nevis 10 Years Old

香氣：柑橘、西洋梨、青蘋果、黑巧克力與西洋杉的香氣
細緻平衡的融合在一起。

口感：油脂、蜜糖、太妃糖，以及柑橘味道非常鮮明。還
有一種像核桃蛋糕的味道。

尾韻：稍嫌不足，但有一股淡淡的古巴雪茄味緩緩冒出。

C/P 值：●●○○○

價格：NT$1,000 ～ 3,000

Ben Nevis 14 Years Old

香氣：肉桂、橡木和明顯的雪莉影響的風味，烤雞肉、蜜
糖黑棗，以及些許的甘草香。

口感：圓滿滑順，令人驚艷的甜美，有乾黃葡萄乾、李子
和苦味巧克力。

尾韻：持久帶有苦澀辛辣的巧克力味。

C/P 值：●●●○○

價格：NT$1,000 ～ 3,000

海獺酒廠
Blair Athol
布萊爾阿蘇

Blair Athol 於 1798 年由 John Stewart & Robert Roberson 成立，是蘇格蘭最古老的釀酒廠之一。原名叫做 Aldour 蒸餾廠，1825 年，Robert Roberson 擴建酒廠，正式更名為 Blair Athol。酒廠位在 Pitlochry 的小鎮中心，是個精巧但完備的酒廠。該酒廠隸屬於 Diageo（帝亞吉歐）集團，目前九成波本桶主要作為釀造 Bell's 威士忌和集團內其它品牌的基酒，年產量 250 萬公升。遊客中心早在 1987 年便已經成立，90 年代時期，因為提供免費參觀每年吸引了 10 萬人次，直至今日每年付費參加全程酒廠行程的遊客仍達 4 萬人。

在酒廠同區域有一個宏偉的城堡叫做 Blair Castle，城堡非常漂亮、也對外開放參觀，建議如果要去參觀 Blair Athol 酒廠，可以去這走走。

這座城堡有著其獨特的地位，它是全英國除了國家擁有的軍隊之外，唯一可以擁有自己的軍隊的領地，也是頒發「The Keepers of The Quaich」（蘇格蘭雙耳小酒杯執持終身會員）的所在地。我第二次去參觀這家酒廠，主要目的是去獲頒這個身份，目前全世界身為蘇格蘭雙耳小酒杯執持終身會員的人數只有 1,600 人左右，獲獎條件是對蘇格蘭威士忌產業有卓著的貢獻長達 5 年以上，並得到兩位會員的推薦以及評審團

酒廠資訊

地址：Perth Rd, Pitlochry, Perthshire PH16 5LY

電話：+44 1796 482003

的審核，才有資格獲頒。

　　Blair Athol 很少出產單一純麥威士忌，獨立裝瓶也非常稀少，最近的酒款是 Cadenhead 精選的 1989。值得一提的是，他們在 1992 年被 United Distillers 集團、也就是現今的 Diageo（帝亞吉歐）集團推出的 Flora&Fauna 特有動物系列酒款納入。那一系列是精選 26 種不同的蘇格蘭單一純麥威士忌，在 700 毫升瓶、濃度 43％的範圍內依照各酒廠不同的特性與特色選出，凸顯蘇格蘭威士忌的多樣性，現在在市場上也很稀有。

註：Flora & Fauna 系列包含：

Aberfeldy, Auchroisk, Aultmore, Balmenach, Benrinnes, Bladnoch, Blair Athol, Royal Brackla, Coal Ila, Clynelish, Craigellachie, Dailuaine, Dufftown, Glendullan, Glen Elgin, Glenlossie, Glen Spey, Inchgower, Linkwood, Mannochmore, Mortlach, Pittyvaich, Rosebank, Teaninich, Speyburn, Strathmill.

新任「Clynelish」1967 年落成，舊任「Clynelish」於 1968 年在同步生產運轉了近一年後確認關廠，並將這重責大任移交給新任延續。怎知道此時適逢艾雷島旱災降臨，集團內位處艾雷島的酒廠無法即時生產具有泥煤味的原酒、提供其金雞母 Johnnie Walker 製作調和威士忌。此時，已退休的舊任「Clynelish」於 1969 年又重新披上戰袍，專門負責生產海島味的重度泥煤味的單一純麥威士忌。依據蘇格蘭法律，兩個或兩個以上的酒廠不可以使用同一個名稱，於是舊任「Clynelish」此時更名為「Brora」。

Brora 的蓋爾語是「橫跨河流的橋」，1969 年到 1973 年因應需求釀造了特殊重泥煤風味的威士忌，原本酒廠就有著強壯的酒體和飽滿的香氣，再加上泥煤味提升層次，絕佳的品質拯救了全集團的燃眉之急。1973 年之後，Brora 漸漸不再生產泥煤風味的威士忌、在 1983 年正式關廠不再運作，結束了這次復出的任務。於是 Brora 這個名號只出現短短的 14 年，也幾乎沒有單一純麥威士忌面世。然而數十年後，集團開始將 Brora 過去的存酒以單一純麥威士忌的方式上市，每一款都獲得壓倒性的好評。2002 年開始推出的 30 年限量系列每一款都不到 3 千瓶，這些罕見且特殊的泥煤風味都獲得全球威士忌達人的一致好評且爭相珍藏，同時也是 Diageo 精選 Classic Malts 一員。

新任 Clynelish 酒廠自接任以來一直適切扮演著 Johnnie Walker 調和酒的主要供

應者，其中陳年 18 年的年份，就是 Johnnie Walker Green Label 的重要原酒，極度受到全世界的歡迎。酒廠年產量 420 萬公升，龐大的產量同時儲存在自己與 Brora 酒廠裡。酒體屬乾淨的高地風味，2002 年 Clynelish 以 14 年的酒款首次以單一純麥威士忌面市、2006 年又出了一款 Oloroso 雪莉桶的限量款，花香與濃郁飽滿的雪莉桶風味受到市場的喜愛。傳承的新任 Clynelish 也如同 Brora 列入 Classic Malts。

兩家廠址鄰近，也都使用同樣水源，位置距離 Glenmorangie 很近，雖然 Brora 已經關廠，但是舊址還是維持、蒸餾器也沒有拔掉，還可以看到當初冷凝的蟲桶。在我參訪 Clynelish 的遊客中心時，竟然遇到了從前在 Royal Lochnagar 見過的一個可愛女生，當年她還是一個酒廠打工小妹，沒想到三年後，已經在這裡當經理了！

Brora 30 Years Old 55.7%

香氣：直率結實的香氣表現，有麝香、酸酸羊脂香氣，以及煙燻、雪茄外葉與溼皮革的氣味。

口感：口感厚實，煙燻風味馬上爆發出來，接著是煤炭與少許的焦烤餅乾，稍待後是木頭的辛香，微微的鹹味，濃郁且強勁。

尾韻：油脂感、綿長持久且飽滿。

C/P 值：●●●●○

價格：NT$5,000 以上

Brora 35 Years Old 48.1%

香氣：像是載滿煤炭的卡車呼嘯而過，接下來是檸檬、蜂蜜、堅果、和奶油糖，之後當然酒廠的特色蠟味，還有燕麥片和酸麵團的氣味。

口感：適合純飲，蠟的質地覆滿嘴中，有熱帶水果、乾果皮，如薑般的辛辣溫暖感。尾段是綠色水果和麥芽蜂蜜間的和諧拉鋸戰。是一款讓人會回味再三的酒款。

尾韻：持久、溫暖且順口，微微的杉木和辛辣感，先甜後甘，加水後整體表現更加平衡。

C/P 值：●●●●●

價格：NT$5,000 以上

全球最貴威士忌記錄保持

Dalmore

大摩

　　Dalmore 是一半蓋爾語與一半挪威語的組成，意思為「遼闊草原」。酒廠自 1839 年起便開始生產單一純麥威士忌，以皇家雄鹿的鹿角為標誌，這也是最早的創辦人 Alexander Matheson 家族的家徽。1996 年進入 Whyte & Mackay 集團，平均每年生產 420 萬公升的原酒。

　　酒廠位於蘇格蘭高地北部海岸 Kildermorie 湖邊，擁有清澈優質的水源優勢與其它自然資源。大麥的來源來自於酒廠不遠處的 Ross-shire，由黑島豐富的沿海肥沃土壤養成，提供大麥極佳的生長環境。酒廠面向海邊，倉庫長年受海風吹拂因而提供了熟成的條件。最後，Dalmore 還有一項很厲害的技術，能非常純熟的發揮釀造單一純麥所需要的酵母，利用其製造出非常純淨的原酒。

　　酒廠的蒸餾器長得很不一樣，很像是在蒸餾器外加了一個防護罩，詢問廠長後得知，這個防護罩裡面裝滿了水，目的是可以快速凝結蒸氣，萃取出比較重的口味，這也成為酒廠的特點，製造出來的酒體厚重、也呈現甜與豐裕的特質。很用功參觀的我沒多久又看到了一組蒸餾器，跟

酒廠資訊

地址：Dalmore, Alness, Highlands and Islands IV17 OUT

電話：+44 (0)1349 882362

網址：www.thedalmore.com

推薦單品

Dalmore 12 Years Old

香氣： 青草氣味、雪莉酒桶的氣息伴隨著淡淡煙燻柑橘香氣。麥芽的甜香非常鮮明。

口感： 柑橘與黑巧力的味道交互輝映，燻烤的麥香味非常迷人，熟成葡萄的味道也很容易嚐得到。

尾韻： 尾韻稍嫌不足，短而淺。

C/P 值： ●●●○○

價格： NT$1,000 ～ 3,000

Dalmore 1263 King Alexander III

香氣： 青草與穀物的香氣。青蘋果與柑橘香氣就像到了果園，水果熟成時的氣味，香氣非常明顯！過了一會再聞，有一股類似台灣傳統市場賣的仙草蜜的香氣，非常有趣。

口感： 柑橘、葡萄乾、烏梅味道非常容易感受得到。隨後可可、太妃糖、黑胡椒、櫻桃、蜂蜜味道陸續散發出來。

尾韻： 尾韻持久且長。

C/P 值： ●●●●○

價格： NT$5,000 以上

Scottish Leader 調和威士忌的心臟
Deanston
汀斯頓

Deanston 應該是最早的綠色環保酒廠，這裡在 17 世紀時原本是一間紡織廠，但 1799 年因一場大火之故將廠房吞蝕殆盡，工廠一度停擺；直至 1965 年，James Findlay and Co 才將此廠復興改為威士忌酒廠。從前紡紗需要大量的水，這裡最早利用水車作為動力來源，在 1920 年進而引進水力發電設備，由此可知這裡的水資源非常豐富。而當年的水力發電設備不但沿用至今，所產出的動力還賣回給國家提供附近居民使用。

參觀酒廠的時候，非常驚訝他們源自紡織廠時期就擁有自己的學校：當時廠主很罕見的設立學校、規定小孩子 14 歲之後才能去工廠工作，甚至還有自鑄錢幣，可以想像那時這間紡織廠與附近居民共依共存的狀況。現在學校依然以小學的規模運作，供員工的小孩念書，一個班只有 2 至 3 人，很像中國古時候的私塾。

酒廠製酒過程依舊維持傳統工法，以純淨 Teith 河作為水源、蘇格蘭當地大麥品種為原料，透過傳統人工製程，以及蘇格蘭少數開放式糖化槽及獨特蒸餾器，製造出來的酒體屬於清新乾淨的風格，有著麥芽香

酒廠資訊

地址：Near Doune, Perthshire FK16 6AG.

電話：+44(0)1786 843 010

網址：www.deanstonmalt.com/index.html

光客可以清楚了解酒廠內威士忌的製作,號稱是「最後一個農莊式的蒸餾廠」。

雖位處高地,但卻比較偏向斯佩賽區的果香甜味,迷你尺寸的蒸餾器讓酒體較為厚重,所有的產出都用作單一純麥威士忌裝瓶,以 10 年為主要商品。雖保有傳統的製作過程與工具設備,在換桶方面卻有著非常創新且有趣的作風。酒廠開發了一系列的原酒系列,標榜使用不同的木桶熟成,還運用了許多紅酒桶,像是 Sassicaia、Sauternes、Moscatel、Madeira 和蘭姆酒桶等多樣不同的酒桶最後熟成,2009 年推出「Straight From The Cask Chateau Neuf du Pape 12 年份」,標榜教皇新堡紅酒桶熟成的威士忌。因為產量少,價格相對比其它同年份的威士忌昂貴,儘管如此,在市面上還是不容易見到。

推薦單品

Edradour Signatory Straight from the Cask Edradour 11 Years Old, Madeira Finish

香氣:細緻的花香、青草香、葡萄乾和太妃糖的香氣。

口感:圓潤厚實,奶油蛋糕、葡萄乾和糖霜櫻桃。

尾韻:淡淡的一股肉味,像是烤蜜汁火腿的風味。

C/P 值:●●○○○

價格:NT$1,000 ～ 3,000

Edradour Signatory Straight from the Cask Edradour 11 Years Old, Burgundy Finish

香氣:酸味、桃子口味的空氣清靜劑與很重的蛋糕味,有點像是基本的四格蛋糕試圖要妝點成法式精緻糕點般。

口感:相當的甜,充滿糖味,沒有其它特色;不過還是比香氣表現來得好。

尾韻:剛好合格!

C/P 值:●●○○○

價格:NT$1,000 ～ 3,000

浴火重生的獨角獸
Fettercairn
費特凱恩

Fettercairn 酒廠位於東高地靠近 North Esk 山谷的 Fettercairn 村,由 Alexander Ramsay 創建於 1824 年。這家酒廠的命運非常的坎坷,於 1887 年一場大火後休廠、1890 年重新啟動營運,在 19 世紀時期換了相當多的老闆,甚至中間沉寂了十餘年,直到後來隸屬 Whyte & Mackay Ltd 集團至今,成為該集團旗下 4 家生產單一純麥威士忌的酒廠之一。產出的威士忌也在 2002 年換了新的瓶身、包裝以及將名稱從「Old Fettercairn」改成「Fettercairn 1824」。

如同許多高地蒸餾廠,Fettercairn 在被併入集團之後的角色是作為集團裡調和式威士忌基酒為主,很少產出單一純麥威士忌。酒廠水源來自於 Cairngorm Mountain 的山泉水,加上東高地原本就是大麥的產地等條件,酒體麥芽香氣濃郁、帶有一些青草味。

酒廠周遭環境清幽,特色是酒廠裡的一大面牆上刻劃了一隻美麗又優雅獨角獸,那面牆是每一個遊客到訪必定要拍照的重點區域。遊客中心早在 1989 年就成立,特別準備了兩桶 15 年的單一純麥酒,提供到訪的遊客可以裝瓶屬於自己的 Fettercairn 威士忌。

酒廠資訊

地址:Distillery Road, Fettercairn, Kincardineshire, AB30

電話:+44 (0)1561 340 205

網址:www.scotlandwhisky.com/distilleries/highlands/
Fettercairn

蘇格蘭威士忌界的高級時尚精品

Glenmorangie

格蘭傑

　　Glenmorangie 的蓋爾語是「幽靜的谷」。Glenmorangie 的水源來自埋在地下數百年的 Tarlogie Spring 湧泉，為了保有泉水源頭品質不受污染，他們購買附近 250 公頃的土地加以保護。泉水經年累月緩慢地穿過層層疊疊的石灰岩獲得豐富的礦物質，賦予 Glenmorangie 繁複的水果香氣。此外，石頭一直是他們的核心所在，酒廠附近的蘇格蘭高地上發現了一座遠古石塊 Hilton of Cadboll Stone（希爾頓卡德伯爾巨石），是公元 600 至 800 年間皮克特族所雕刻並留下來的遺址，被認為是歷史上一個古老的重要象徵，於是這原始雕於巨石上的主題圖騰便成為 Glenmorangie 的品牌標誌。

　　酒廠最早成立於 1843 年，2004 年被 Moet Hennessy Louis Vuitton 集團（簡稱 LVMH）收購。Glenmorangie 有很多特殊且了不起的特色。來自高地的湧泉水源、古老石碑的品牌標誌外，還有全蘇格蘭最高的銅製蒸餾器，越高的蒸餾器表示只有越極輕與純淨的酒才能抵達蒸餾器的最頂端。而近年來最令威士忌迷稱讚樂道的是他們在換桶方面的研究與成

酒廠資訊

地址：Tain, Ross-Shire IV19 1PZ

電話：+44(0) 1862 892043

網址：zh.glenmorangie.com/experience-perfection/distillery-tour

就！

　　自 LVMH 入主之後，在木桶上面有一些作法更新。為了要讓他們原本波本桶的特色保持不變，以及延續原本在木桶上面的持續精進與發展。特地投資美國密蘇里州 Ozarks 山區的國家森林公園，並合作選擇適合製作威士忌的白橡木進行開墾。精選木材裁切後放在戶外自然風乾兩年，享受大自然的洗滌與風化而不是人工烘烤乾燥，再交給美國田納西州的酒廠製作波本酒 4 年，等這些木桶成為真正的波本桶之後，才運回蘇格蘭陳放威士忌！這麼嚴謹的作法，也只有這麼大型的蒸餾廠才有這樣的人力與財力能做到。

　　Glenmorangie 將這些桶子陳年出來的酒推出上市名為「Artisan Cask」酒款。而過桶的工藝是需要時間和不斷的測試去累積出來的，過程很具有實驗性質和挑戰性，經過經驗累積之後才能掌握桶子的混合比例與次數等訣竅，而 Glenmorangie 的桶子堅持只用兩次，陳放超過兩

外有一些限定版如：Oban 32 年、20 年、18 年等銷往美國市場，2009 年也出產了酒廠的經理親自挑選的 Oban 2000 年的原桶酒！現在市場上已經很難找的到 Oban 的獨立裝瓶的原酒。

　　Oban 酒廠坐落在海港旁邊，那區域是西海岸蘇格蘭人會去度假的地方，景緻非常優美，可以去釣魚或是出海玩水，如果去這裡旅遊參訪會建議在 Oban 住一晚，那裡的風景、色調和居民生活的步調與氛圍，會讓人有滿滿的幸福感！

　　這裡出發的渡輪可以直接去參觀 Tobermory 和 Talisker。酒廠保留了古老的建築風格，維持的相當完整和漂亮。酒廠遊客中心介紹完整，從酒廠歷史、蒸餾過程到最後的展示區的規劃都很用心。酒廠有販賣「酒廠限定版」，價錢很公道！

推薦單品

Oban 14 Years Old

香氣：耳目一新的優雅氣味，夏季水果、蜜瓜、香草香、一點點的皮革味，豐富的熟成水果的風味。

口感：香氣有的特色，入口也同時能感覺的到；質地順口，細緻如絲。

尾韻：中短，果香、柔雅，帶點微微的堅果味。

C/P 值：●●●●○

價格：NT$1,000 ～ 3,000

Oban 18 Years Old

香氣：清淡細緻，有奶油、芬達汽水與水果果凍的香氣。是一款果香氣味非常豐富的酒款。

口感：口感圓潤，如同香氣般細緻，有加了莓果的優格與一撮薑粉末。

尾韻：輕柔帶有一持久不散的辛香風味。

C/P 值：●●●●○

價格：NT$5,000 以上

曾為全蘇格蘭產量最大的酒廠

Tomatin

托馬丁

Tomatin 成立於 1879 年，位於東高地海拔 300 米高地，原名為 Tomatin Spey，1906 年酒廠曾停業，1909 年重新開業正式更名為 Tomatin。1950 年代到 70 年代酒廠規模不斷擴大，到 1974 年增設有 23 座蒸餾器，曾經是全蘇格蘭最大的蒸餾廠，在極盛時期年產量達 1,200 萬公升。後來經營不善生產減量，到 1986 年，被其長期合作的日本公司 Takara Shuzu & Okura 收購，成為被日本公司收購的第一家酒廠。

Tomatin 生產的純麥威士忌酒體厚實，酒質很好。曾經許多調和式威士忌都以其為基酒，口感沒有特別複雜或強烈的特色，但擁有高地特有的麥香，如果威士忌的入門者想要試試比較有厚重口感的口味，首選建議這支做為嘗試。

寫到這家酒廠，不禁讓我想著，高地區的酒類常常是這樣的情況，酒體好喝，卻說不出太明顯的特色，濃厚結實的獨特麥香似乎成為他們很適合作為其它調和式威士忌基酒的原因，因而這樣的特質與其對威士忌產業的貢獻讓高地產酒佔有一席之地。

酒廠資訊

地址：Tomatin, Inverness-shire IV13 7YT

電話：+44 (0)1463 248148

網址：www.tomatin.com

　　Tomatin 出產的單一純麥威士忌有些也頗受歡迎，台灣目前有酒商引進，有興趣的威士忌迷可以試試看。

Tomatin 12 Years Old

香氣：細緻的青草香氣，有一股很像清新西洋杉木的泡澡
精油的氣味。木桶的味道很細緻，有很細緻的麥芽
香甜味。

口感：甜美，像是餅乾和開心果，讓人聯想到年輕甜美的
女孩。

尾韻：稍嫌短了點。

C/P 值：●●●○○

價格：NT$1,000 ～ 3,000

Tomatin 15 Years Old

香氣：麥芽香、榛果太妃糖、牛奶巧克力，有點乳酸的氣
味。

口感：順口如絲，橡木的風味恰當的穿插於中，跟香氣的
表現差不多，整體平衡度不錯。

尾韻：中等尾韻，雖然消散的很快，但是感受是和緩的。

C/P 值：●●●○○

價格：NT$1,000 ～ 3,000

超市蒸餾廠
Tullibardine
圖力巴登

Tullibardine 酒廠成立於 1949 年，位於 Perthshire 地區 Ochill 山丘 Blackford 村裡，座落於蘇格蘭 12 世紀最早的第一家酒廠位址上。水源來自鄰近 Ochill 山丘流下純淨而大量泉水，屬於非常適合釀酒的水質，酒體屬輕柔款的高地酒。

跟許多蘇格蘭酒廠一樣，Tullibardine 也曾經過數次休廠與易主，2003 年 Michael Beamish 與 Doug Ross 以 110 萬英鎊買下酒廠重新開張運作，新主人裝瓶的新酒為 1993 年釀造的 10 年酒，目前的所有者為 Tullibardine Distillery Co 負責管理酒廠的生產。酒廠每年生產 270 萬公升的原酒，每年也吸引了近 10 萬人參觀。

參觀這家酒廠時，首先看到的是一家大型購物超市，原本以為自己找錯路，後來才知道，Tullibardine 建廠以來因為經營與易主狀況等變動，原本是一間大型蒸餾廠，後來因為資金缺口將一半產物售出，那被售出的產物，被改建為一個大型購物超市，形成一邊超市一邊酒廠這樣衝突的景緻。

酒廠資訊

地址：Blackford, Perthshire, United Kingdom, PH4 1QG T
電話：+44(0)1764 682252
網址：www.tullibardine.com

推薦單品

TULLIBARDINE AGED OAK 40%

香氣：濃郁的水果香，有柑橘、臻果太妃糖、柔軟的牛軋糖、白巧克力，之後是奶油香與堅果味。

口感：溫柔順口，跟香氣有一樣的乳香味，牛奶巧克力、葡萄乾、杏仁霜，橡木的風味優雅呈現；加水還有橘子皮。

尾韻：中短，尾段有一股橡木乾澀的氣味。

C/P 值：●●○○○

價格：NT$1,000 ～ 3,000

TULLIBARDINE COUME DEL MAS BANYULS 46%

香氣：香氣是粉紅色的，綜合著冰沙、冰糖、甜點、濕潤感，還有椰子、紅色軟糖，感覺相當的精力充沛。

口感：口感圓潤，可以感受到鳳梨軟糖與麥芽糖。

尾韻：中短，尾段有一股甘澀的橡木與香甜的水果的氣味。

C/P 值：●●○○○

價格：NT$1,000 ～ 3,000

品酒筆記

低地區的麥芽威士忌蒸餾廠一直以來數量就非常稀少；低地區沒有高地區的嚴峻地形和氣候，此區所生產的威士忌也普遍沒有高地區威士忌的強烈特性；卻可以感受到柔和的植物芳香，例如青草、穀物和淡淡的花香。低地區的自然環境反而吸引了許多大型穀類威士忌的蒸餾廠進駐於此。

第1章 蘇格蘭

1-3 低地區 Lowland

此區擁有豐富的大麥和泥煤天然資源，地理位置上又離政府管制遙遠，曾經在當地有多達 32 家的蒸餾廠；而這個數字還不包括沒有合法登記的蒸餾廠。所以坎培城又稱為「19 世紀的全球威士忌首都」。

雖然坎培城的繁榮光景在 1920 年時瓦解，目前只有 3 家蒸餾廠在運作；但坎培城的威士忌的獨特風味在威士忌評論家眼中依然是屬於獨立的一區。麥芽威士忌的特色普遍屬於中型酒體，帶著些許泥煤煙燻味和淡淡的海風味。

第1章 蘇格蘭

1-4 坎培城區 Campeltown

斯佩賽區擁有蘇格蘭近 2/3 的威士忌蒸餾廠,多集中於斯佩賽區的幾條大河附近。此區是蘇格蘭威士忌的重要製造中心。斯佩賽區的麥芽威士忌一直以來就以豐富和多元化的風味聞名。生產的威士忌普遍甘甜並充滿花果香味。大致將其特色分為三大類:

1. 輕酒體:酒體偏向輕淡的威士忌,通常帶有花果香和些許穀物的特色(例如 Glenlivet)。

2. 中酒體:中酒體的威士忌則擁有高地區威士忌的淡雅風味,但多些花果的芳香氣味(例如 Glenfiddich)。

3. 較渾厚的威士忌則帶著馥郁的雪莉桶芳香,和些許的巧克力和水果蛋糕般的香氣(例如 Macallan、Aberlour)。

第1章 蘇格蘭

1-5 斯佩賽區 Speyside

　　Dalwhinnie 是 1998 年 Diageo 集團將旗下 27 間酒廠精選出最具代表性的六間酒廠之一，是 Classic Malts 的斯佩賽區代表，可惜很少釋出單一純麥威士忌，製造出來的酒向來是 Buchanan 調和威士忌的基酒。只有一些酒廠限定版，是收藏威士忌的愛好者必定收藏的品項。

推薦單品

Dalwhinnie 15 Years Old

香氣：柔和濃郁的麥芽甜味，有很多的美國橡木特色。淡淡的煙燻氣味、蜜漬檸檬與柔和的香草香氣，各香氣表現的比例都剛剛好。

口感：口感細緻，淡淡的橡木與柑橘味道，香草冰淇淋與檸檬蜜餞的味道柔和的呈現。

尾韻：綿長柔雅。

C/P 值：●●○○○

價格：NT$ 1,000 ～ 3,000

Dalwhinnie 20 Years Old

香氣：展現出成熟的風味，馥郁香甜帶點些許的火藥硫磺味，接著是蜂蜜、香蕉蛋糕、太妃糖熟蛋糕、烤水果、牛奶糖。

口感：相當的圓潤飽滿且溫柔的，有淡淡的栗子味，源源不絕的辛香味和甜美水果的風味。

尾韻：可惜風味消失的有點太快了些。

C/P 值：●●●○○

價格：NT$ 5,000 以上

The Glenfiddich 12 Years Old

香氣：細緻的橡木香氣、柔和的堅果香氣、清新的西洋梨味伴隨些許青草芳香。

口感：口感圓潤，西洋梨與香草的味道特別明顯，並伴隨著些許青蘋果與堅果味道。

尾韻：中短，尾段有一股柔和青蘋果與西洋梨氣味。

C/P 值：●●●○○

價格：NT$1,000 以下

The Glenfiddich 15 Years Old

香氣：巧克力、太妃糖、柑橘、鳳梨、西洋梨、蜂蜜、香草香氣融合在一起，就像是在聞綜合水果軟糖一樣。

口感：口感圓潤偏甜，豐富的熱帶水果與橡木桶的味道，結合蜂蜜與太妃糖的味道，融合得非常完美。

尾韻：口感持久悠長，尾段有一股細緻的黑巧力的氣味。

C/P 值：●●●●○

價格：NT$1,000 ～ 3,000

The Glenfiddich 18 Years Old

香氣：清新青蘋果香氣結合細緻橡木以及麥芽的香甜、柑橘與堅果的香氣。

口感：口感圓潤滑順，綜合水果汁、堅果、淡淡的奶油與柑橘味道。

尾韻：中長，尾段有一股柔和的奶油煙燻氣味。

C/P 值：●●●○○

價格：NT$1,000 ～ 3,000

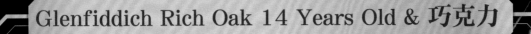
Glenfiddich Rich Oak 14 Years Old & 巧克力

Glenfiddich 是全世界銷量第一的單一純麥威士忌，他的原酒是在初餾的時候使用蒸汽加熱，而在蒸餾的時候使用直火加熱，造就出獨特而多層次的口感。這支 14 年的 Rich Oak 是其中非常特別的一支，入口微甜，並帶著清香的香草與花香的味道，尾巴則有一絲絲的可可苦味，拿來搭配巧克力，兩者可以完美的彼此呼應，增添甜味與口感，並讓尾韻的層次更加豐富，值得嘗試。

來自少女純潔之愛的天使水源
Glenrothes
格蘭路思

Glenrothes 坐落於 Spey 河畔 Rothes 鎮，是很特殊的一間酒廠，他所使用的水源不是來自於 Spey 河，而是來自於一座名為「淑女井」（The Lady's Well）的井水。關於這口井還有一個浪漫的傳說，據記載這裡是 14 世紀有位羅賽伯爵（Earl of Rothes）的獨生女，為了救情人的性命被當地的巴貝羅克狼殺害，少女清純而深情的血液流入了井內，她並沒有怨懟，而是很開心能夠讓所愛的人繼續活下去，從此這口井的水就像是少女的天使之吻般甜美。

Glenrothes 創立於 1878 年，一直以來都是很多調和威士忌的主要原酒，例如全球排名前 10 的 Cutty Sark，它真正以單一純麥威士忌的風華為人所熟知其實要感謝英國知名的葡萄酒商 BBR，在過去約有 10 年之久的時間，BBR 以獨立裝瓶廠的形式推出了許多頗受好評的 Glenrothes，也帶動了原廠推出許多特殊年份的威士忌以饗同好。第一批引進台灣的 Glenrothes，為了迎合本地的喜好，全都是年份尾數為 8 的酒款，像是 Vintage 1998、Vintage 1988 和 Vintage 1978，希望能夠發發發，從結果看

酒廠資訊

地址：Glenrothes Distillery, Rothes, Morayshire, AB38 7AA

電話：+44 (0)1340 872300

網址：www.glenrothes.com.tw/index.html

來，這樣的策略是成功的，而他們也為台灣
製作了繁體中文版的網站。

　　這間酒廠還有一個特別的地方，他們沒
有所謂一般年份的核心酒款，每支酒都以年
份或是人名標記，因此也可以說每次推出的
都是全新的口味，每一支都是數量有限的產
品。Jim Murray 在 2007 年的 *Whisky Bible* 中
提到：「Glenrothes 珍釀單一純麥威士忌是
蘇格蘭斯佩賽區中，唯一能夠將絲綢般細滑
的大麥風味與柑橘香氣，以最柔順的方式傳
遞給品酩者，以罕見的溫柔親拂味蕾的單一
純麥威士忌。」

推薦單品

Knockando 1990

香氣：光滑的木質氣息、清新的皮革味、太妃糖甜氣。熟透的香蕉芳香。

口感：豐潤而優雅。濃稠糖漿和乾果的蜜香。

尾韻：悠長細緻，木桶單寧適度並伴有可可粉的甘甜。

C/P 值：●●●○○

價格：NT$3,000 ～ 5,000

眾多威士忌調酒大師的熱愛酒款
Linkwood
林肯伍德

　　Linkwood 酒廠由 Peter Brown 於 1821 年建立，1825 年正式在市場上流通，至 1971 年間經過許多次的大幅度擴建，從 1897 年開始換手到 Linkwood-Glenlivet Distillery Co.Ltd.，1932 年又換手到 Scottish Malt Distillers Ltd.，現在的屬於 Diageo（帝亞吉歐）集團。而在 1971 年這個對酒廠而言關鍵的一年，此時蓋了一間新的蒸餾室，增加 2 組（4 支）蒸餾器，於是酒廠就有了一新一舊蒸餾室，總共 6 隻蒸餾器，一起運作到 1985 年才停用舊的蒸餾室 2 支蒸餾器。或許是為了調合新舊酒質，1990 年舊的蒸餾器又恢復生產，一年中運作幾個月，將製作出來的酒跟新蒸餾器的酒作調合，再放入酒桶陳年。

　　酒廠的總生產量之中只有不到 2% 拿出來作單一純麥的裝瓶，被 Diageo（帝亞吉歐）集團選作 Flora & Fauna 系列好酒之一！其它大部分作為 Johnnie Walker 和 White Horse 的原酒，而每年大約有 100 萬公升的酒被其它人買走。如果真的要認真找，去裝瓶廠找還比原廠容易、品項也比較多。因為 Linkwood 在調合威士忌的原酒來源中非常炙手可熱且深受威士忌調酒師們的鍾愛，尤其是要生產一隻高級的調合威士忌，Linkwood 一定是熱門基酒之一。

酒廠資訊

地址：Linkwood Distillery, Elgin, Morayshire, IV30 3RD

電話： +44 (0)1343 862000

行家才知道的厲害威士忌
Longmorn
朗摩

日本威士忌的教父竹鶴政孝第一次拜訪蘇格蘭，最先敞開雙臂接納他前來學習的酒廠就是 Longmorn，後來其在日本建立的余市蒸餾所，一切皆以 Longmorn 為範本，包含存留著古老而稀有的煤炭直火加熱法等。

Longmorn 酒廠由 John Duff & Company 創立於 1893 年，1898 年在酒廠附近又蓋了另一座新廠 Benriach，但是當時名為 Longmorn No.2，被併購易主後，2001 年隨著 Chivas 集團被併入 Pernod Ricard（保樂力加）集團一直到現今。之後也成為集團內 Chivas Regal 和 Royal Salute 的重要基酒。能被這兩個重要品牌拿來做為基酒。表示這又是一支行家才知道的厲害威士忌，酒廠年產量 390 萬公升，但是卻不常出單一純麥威士忌，他們的雪莉桶系列其實很棒，如果想要喝到真正很棒的 Longmore 老酒，建議去找全蘇格蘭最強的雜貨店 Gordon & McPhail 找裝瓶酒，有很多老系列可收藏。

Pernod Ricard 集團內只有 4 家酒廠有針對酒廠名字出產單一純麥威士忌，分別是最大的 Glenlivet 和 Aberlour，再來就是 Longmorn 和

酒廠資訊

地址：Longmorn, Elgin, Moray. IV30 2SJ., Scotland.

電話：+44(0)1542783417

網址：www.longmornbrothers.com/html/distillery.htm

Scapa。Longmorn 在 2007 年出產 16 年份的單一純麥以及 17 年的桶裝原酒，可以在 Chivas 的遊客中心買到。

2010/09/14

推薦單品

Longmorn 15 Years Old

香氣：潮濕的青苔、蕨類植物與明顯的花朵香氣。細緻的麥芽甜香就像棉花糖的香氣一般，隨後還有淡淡的柑橘皮香。

口感：口感圓潤，有乳脂軟糖、牛奶蒸氣，以及迷人的辛辣勁。

尾韻：中短，尾段有烤杏仁與杏仁霜的氣味，非常有趣。

C/P 值：●●●○○

價格：NT$3,000 ～ 5,000

Longmorn 16 Years Old

香氣：棉花糖、蜂蜜，加上柑橘皮與太妃糖的香氣，搭配上細緻的橡木桶香氣，讓香氣更加完美！

口感：口感圓潤順口，細緻的油酯味道、綜合太妃糖與柑橘巧克力。

尾韻：中短，尾段有燕麥與堅果味道。

C/P 值：●●●○○

價格：NT$1,000 ～ 3,000

已逝的黃金年代
Macallan
麥卡倫

Macallan 酒廠被已逝酒評家 Michael Jackson 評為威士忌之中的勞斯萊斯，這真是至高無上的評價！但自從 2004 年上市的 Fine Oak 系列，與原來的麥卡倫風格截然不同，在市場上引起了褒貶不一的兩極化看法。

麥卡倫總共用過三個名字。1824 年創立後到 1891 年間稱為 Elchies，Macallan 單一純麥威士忌瓶身的酒廠標誌是 Easter Elchies House，而酒廠最初的名字 Elchies 也是取名為這棟古老又美麗的房子。1892 到 1980 年換名為 Macallan-Glenlivet，1980 年以後更名為 Macallan。

Macallan 酒廠特色和堅持，在市場上創造出獨特的風潮與無人能及的地位，幾乎是無人不知無人不曉、是品質的保證。但近年來他們有些調整與改變，卻也造成許多人的不同評價，首先他們堅持 100% 黃金大麥的使用，酒廠認為黃金大麥能夠讓新蒸餾出來的原酒更豐富，但近年來不如以往堅持 100% 的使用率，改成一定比例用量。酒廠總共有 21 隻蒸餾器，Macallan 選擇承襲自家酒廠制酒傳統，採小尺寸蒸餾器，每一

酒廠資訊

地址： Charlestown of Aberlour AB38 9RX

電話：+44 (0)1340 871471

網址：www.theMacallan.com/home.aspx

支蒸餾器不到 4 公尺高，採用直火加熱。 而設計林恩臂垂直斜下來，狀似ㄇ字型的向下彎做成一個溜滑梯讓酒向下滑，目的是讓酒體較厚重。

2004 年以前，Macallan 的單一純麥威士忌號稱 100% 的雪莉桶陳年來裝瓶，比其它酒廠更深邃的酒色，有更豐富的果香味，除此之外，酒廠還號稱只用 First Fill（首次裝桶）的酒來做為單一純麥威士忌的裝瓶，讓 Macallan 的單一純麥威士忌喝起來比其它酒廠更有風味與豐富層次。

台灣是 Macallan 在全世界賣得最好的地方，從 2003 年起，我去過 Macallan 酒廠三次，也看著他們輝煌的 10 年，對他們是又愛又恨。

愛他們的高級與品質，卻也發現近年他們似乎有些偏離調原本想要達成的理念。三次參觀的過程中，每次都發現在加倍產量。他們的危機就是無法如同過去一樣生產全部以雪莉酒桶為主的威士忌，而現在雪莉酒桶越來越難取得、相對成本也越來越貴。再加上的老酒越來越缺乏，於是

Macallan 的老酒變得越來越高價和珍貴，不過這對他們來說，或許也是一個轉機。

另外，為了應付逐漸短缺的雪莉桶，Macallan 開發了 Fine Oak 系列於 2004 年推出，不再強調以雪莉桶為主，內容以波本桶為主，混合了三種不同的桶陳風味，美國橡木波本桶、美國橡木雪莉桶、以及西班牙橡木雪莉桶。儘管有這麼多的改變與不同評價，他們還是全世界銷售第 3 名，而他們的特殊酒款依舊是全世界收藏家認為非常值得收藏的品牌酒。例如 Fine & Rare 系列：Vintages 1926 至 1976 年的老酒屢屢在國際的威士忌拍賣會上創新高價。

我在想，當初他們若是知道會賣這麼好，一定會從過去到現在都大量生產雪莉桶，並將其陳年變成雪莉老酒。但現在需求量這麼大的情況之下已經無法使用原來的雪莉桶。也由此可知，酒桶的品質對於威士忌有多麼重要。很多人都喜歡 Macallan，但由於酒廠的作風改變造成威士忌的風味有變，如果想要喝從前最受歡迎的酒款，建議去喝 10 年前產出的 Macallan 單一純麥威士忌，1970 至 1980 之間年份的酒是非常完美的。這時不禁覺得早期的台灣人真的很幸福，當年可以用那麼合理的價錢喝到這麼好喝的威士忌，現在這些酒的價值，已經不可同日而語了。

推薦單品

Macallan 18 Years Old

香氣：堅果、柑橘皮、太妃糖、嫩薑與淡淡的黑巧克力。
隨後散發出細緻的橡木與熟成葡萄的香氣。

口感：口感圓潤，帶有香料、丁香、柑橘和燻木味道。

尾韻：中長，喝完這款酒讓我懷念起舊版 18 年，這款新
版尾韻真的輸舊版太多。

C/P 值：●●○○○

價格：NT$3,000 ～ 5,000

The Macallan Gran Reserva 12 Years Old

香氣：橡木，葡萄乾、巧克力、柑橘、太妃糖、肉桂以及
烤堅果的濃郁香氣。

口感：濃郁有勁，並帶有熟成葡萄、柑橘皮與巧克力太妃
糖的味道。

尾韻：持久悠長，尾段有雪莉酒與黑巧克力的味道。

C/P 值：●●●○○

價格：NT$1,000 ～ 3,000

最後一位真正的威士忌男爵
Speyside
斯貝塞

　　Speyside 酒廠在靠近 Kingussie 的 Drumguish 鎮。建廠從放下第一塊石頭開始，一共花了 25 年才完成整個建造過程。酒廠創立人兼負責調味威士忌的幾乎都是由威士忌男爵 George Christie 完成。他聘請巧匠 Alex Fairlie 於 1956 年以古老的工法堆砌而成，最後在 1987 年完工。於是一個美麗細緻的農場莊園酒廠落成。

　　水源來自 Spey 河域，且坐落在河域源頭 River Tromie 附近，所以雖然酒廠位處高地，但依舊被歸屬在斯佩賽區域。酒廠每年生產 60 萬公升原酒，2006 年開始嘗試製作泥煤味原酒並於 2009 年合法製成威士忌，但是根據酒廠經理 Andrew Shand 表示，Speyside 可能要再等個幾年才會產出這些酒。Speyside 生產的酒主要作為 Speyside 8 年、10 年、12 年以及 15 年單一純麥威士忌，另外提供品牌 Spey 製作威士忌。

　　酒廠規模屬於中小型，近年被 Spey 這個品牌買下，這個品牌有台灣人的投資與理念和台灣人對威士忌的熱情，所以酒廠現在是一個成功的品牌結合台灣公司的合作，未來可能直接改名為 Spey。

酒廠資訊

地址：Tromie Mills, Kingussie PH21 1NS

電話：+44 (0)1540 661060

網址：www.speysidedistillery.co.uk

推薦單品

Spey Chairman's Choice

香氣：清新的花果香氣、淡淡泥煤香氣、甜美的麥芽香，
　　　隨後太妃糖的香氣緩緩散發出來。

口感：圓潤滑順，非常清爽雪莉酒香，並帶著柔美的泥煤
　　　味道。

尾韻：中短，尾段有淡淡的泥煤香氣。

C/P 值：●●●○○

價格：NT$1,000 ～ 3,000

Spey Royal Choice Single

香氣：香草、柑橘、太妃糖、黑醋栗與淡淡的煙燻香氣。

口感：圓潤平順，淡淡香草奶油味與太妃糖的味道，並伴
　　　隨微微的巧克力味。

尾韻：悠長，尾段有一股煙燻巧克力味道。

C/P 值：●●●○○

價格：NT$3,000 ～ 5,000

Royal Salut 的心臟

Strathisla

史翠艾拉

Strathisla 蒸餾廠於 1786 年由 Alexander Milne 及 George Taylor 興建成立，位於 Banffshire 內 Keith 鎮，距離在同區域的 Glen Keith 酒廠只有幾百里。Keith 鎮曾經是全斯佩賽蒸餾產業最繁榮的區域，身為此區域成立時間前 3 名的 Strathisla 酒廠成為古老的見證。

我去過這間酒廠兩次，深深被其古老和優雅所吸引，一切皆維持當初建立時候的樣子：矮牆、樹叢、附近的公園與酒廠的水車呼應，述說過去還用水車產生動力製酒的當年。遊客中心非常典雅美麗，規劃的像家一樣的溫馨和高雅，曾被喻為是全斯佩賽區最美、最值得遊客拍照遊歷的酒廠。酒廠更令人興奮的是，可以在遊客中心的販售區買到少數 Pernod Ricard（保樂力加）集團內其它酒廠出產的系列原酒，只有酒廠限定，別的地方買不到。

年產量 240 萬公升，主要用作調和式威士忌原酒使用，其也是 Royal Salut 調和式威士忌的心臟。由於主要提供集團內調和威士忌使用，單一純麥出的不多，蘇格蘭威士忌協會曾經出過他們的原酒，雪莉桶風味非常棒，值得一試。

酒廠資訊

地址：Seafield Ave, Keith, Banffshire AB55 5BS

電話：+44 (0)1542 783044

網址：www.chivas.com/en/int/heritage/strathisla

推薦單品

Strathisla 15 Years Old, Cask Strength

香氣：迷人鮮明，很多的柑橘、橘子果醬、檸檬蛋白派與
些許的花朵香。

口感：豐富如絲的口感，有辛香料、薄荷奶油、堅果太妃
糖、甘草、奶油短餅乾與甜甜的麥芽。

尾韻：溫暖、綿長且和緩的奶油。

C/P 值：●●●●○

價格：NT$5,000 以上

非法釀造的花香酒體
Tomintoul
都明多

　　Tomintoul 酒廠坐落在山巒層疊的美麗森林、海拔 335 米、蘇格蘭的第二高村莊中，早期酒廠一直未申請到合法的生產許可證，所以一直以來都屬於非法釀造。1964 年由 Hai & Macleod 與威士忌代理商 Hai & Macleod 成立，當時因為這兩家酒商苦於買不到高品質的原酒，決定自己建立酒廠。第一批瓶裝的威士忌在隔年正式上市，是一家現代化的酒廠。現在屬於 Angus Dundee Distillers 公司，同公司的還有 Glencadam 酒廠。

　　Tomintoul 雖然在台灣知名度不高，在斯佩賽區卻是很具代表性的酒廠。他們使用的蒸餾器高度在全蘇格蘭為前 5 名，目的是要取出較為純淨的原酒，同時只萃取 61% 至 72% 的酒心，保留最精華的口感，屬於帶有很優質的花香酒體。酒廠出產的酒很多元化，大部分做為其它調和式威士忌品牌的原酒，也有出自己的單一純麥威士忌，比較特殊的是有一般斯佩賽區域酒廠所沒有的煙燻泥煤味威士忌，會出產泥煤風味威士忌的背後有一段故事，酒廠早期出售原酒給其它品牌調和時，應客戶的要求購買煙燻過的麥芽，再將蒸餾過的酒放入波本桶，交貨的時候意外發

酒廠資訊

地址：Ballindalloch, Banffshire AB37 9AQ

電話：+44 (0)1807 590274

網址：www.tomintouldistillery.co.uk/tomintoul/welcome.htm

現味道非常好，因此決定裝瓶售出。

　　酒廠周遭環境非常漂亮，但是酒廠本身卻顯老舊，蒸餾器也佈滿綠銅，依照酒廠經理的說法，他們認為擦拭或拋光蒸餾器的外表會影響原酒的味道，所以不願意為了美觀而去處理，這也是他們的堅持。

推薦單品

Tomore 12 Years

香氣：細緻的麥芽香、柑橘、西洋梨、太妃糖與綜合堅果的香氣，並帶有淡淡巧克力的香氣。

口感：口感圓潤，西洋梨、桃子、西洋梨與巧克力的口味。

尾韻：中長。

C/P 值：●●●○○

價格：NT$1,000 ～ 3,000

品酒筆記

因每個島嶼皆緊鄰於海，四季氣候多屬潮濕，風雨也較為強勁。每個小島也因其地理位置和環境的不同，各個小島所生產的麥芽威士忌均擁有不同的特色。唯一相同的是這些島嶼所生產的麥芽威士忌皆有細緻的煙燻或海風味的特色，卻沒有艾雷島的強烈泥煤威力。

第 1 章 蘇格蘭

1-6 島嶼區 Island

英國女王親臨揭幕的珍貴酒廠
Arran
愛倫

    Arran 酒廠位於蘇格蘭最美及最有名的島嶼之一：艾倫島。酒廠座落於島上的 Lochranza，擁有蘇格蘭最純淨的水源 Loch na Davie。艾倫島這個漂亮的島嶼是居住在格拉斯哥（Glasgow）的蘇格蘭人度假的聖地，島上有新鮮美味的海鮮、一望無際的無敵景色、頂級的高爾夫球場加上品質絕佳的啤酒與威士忌，讓度假的旅客流連忘返。島上對外主要的聯絡交通工具以渡輪為主。搭乘渡輪的地方位於格拉斯哥南方的一個小城市 Ardrossan，開車從格拉斯哥出發到這個小鎮大約需要一個小時的車程。

    艾倫島上曾經有過一間酒廠名為拉格蒸餾廠（Lagg Distillery），在 1837 年間倒閉了，島上經過了一整個世紀都沒有其它的蒸餾廠成立，直到 1993 年時在 Arran 酒廠創辦人 Harold Currie 的努力下，才又在島上擁有自己的酒廠。1995 年對 Arran 酒廠是非常具有特別意義的一年，Arran 酒廠正式開始生產威士忌，連英國女王都特地到當地為酒廠揭幕，對於 Arran 酒廠來說，從那一刻開始，酒廠就正式在蘇格蘭威士忌產業的歷史中寫下屬於自己的一頁。

酒廠資訊

地址：The Distillery Lochranza, Isle of Arran, Isle Of Arran
      KA27 8HJ,UK

電話：+44 (0)1770 830264

網址：www.arranwhisky.com/Distillery.aspx

　　Arran 酒廠是屬於比較新的蘇格蘭威士忌酒廠，在酒廠規劃中，有許多新穎的觀念與設計融入。首先值得一提的，就是 Arran 酒廠的遊客中心；這個遊客中心的規劃非常貼心，在二樓設計了一間餐廳，除了可以在這裡吃到當地的小點心，還能在餐廳裡品嚐所有酒廠出產的酒款，這怎能不讓人動心？參加酒廠導覽行程的人，會先被安排在一間仿古的視聽房間觀看 Arran 酒廠的歷史與介紹，後有專人帶領大家開始酒廠的導覽。端看這間視聽室的裝潢就知道價值不斐，可以看得出 Arran 酒廠的用心與企圖心。

忌，所以主要的大麥都是從蘇格蘭本島買進的。酒廠自己烘製麥芽，使用的泥煤採自奧克尼島上的 Hobbister Hill 山區。麥芽泥煤含量大約與 Bowmore 酒廠的含量大約相同。地板發芽的技術所需人力很多，加上還要自己烘麥，即使只有 20% 是自製的麥芽，若不是有所堅持的酒廠是很難做到的。如果要解釋該酒廠為何能在這幾年內在島嶼區威士忌受到矚目後，成為全世界前 10 名最受歡迎單一純麥威士忌，我想一定的堅持與優良歷史傳統的使命感使然。

酒廠傳統的石造房屋非常吸引我。這家酒廠有著悠久的光榮歷史，看著石頭上不規則的紋路，顯示出歲月也在這些石頭上留下了足跡。我在廠區內待了很久，一邊觀賞酒廠漂亮的風景、一邊想像過去酒廠工人在寒風刺骨的天氣下辛勤工作。此時如果來一杯威士忌，身心應該會非常暖和吧！這家蒸餾廠是我逛過這麼多蒸餾廠中最有感覺的。Highland Park 的旅客中心被蘇格蘭觀光局評選為五星級的觀光景點。這份榮耀得來不易，蘇格蘭有許多古堡跟名勝古蹟，要獲得觀光局評選為最佳觀光景點五星級的榮耀，除了景點要有歷史且有著用心的經營者外，全體人員的服務水準都是評分的標準。這從帶領酒廠導覽的人員身上就可以發現五星級服務的特質，跟一般酒廠導覽人員不同，Highland Park 的酒廠導覽員非常認真與貼心，總會仔細解說跟耐心的回答你的問題。是我經歷過最棒的服務經驗。每每看到當初去參觀時的照片時，就很想馬上倒一杯 Highland Park 威士忌，讓自己再度享受當初暢遊酒廠的情境與愉悅。

推薦單品

Highland Park 12 Years Old

香氣：石楠花香、蜜香，淡泥煤燻息、海風與海藻香氣。

口感：口感圓潤，麥芽香甜、淡燻甜味與淡淡的柑橘味。

尾韻：中長，尾段有一股淡淡的煙燻麥味。

C/P 值：●●●●○

價格：NT$1,000 ～ 3,000

Highland Park 18 Years Old

香氣：橡木煙燻的香氣、石楠花香、海藻與輕柔的海風香氣。

口感：口感厚實，蜂蜜、泥煤味與香草味道。

尾韻：持久悠長，尾段有輕柔的海風味非常迷人！

C/P 值：●●●●●

價格：NT$1,000 ～ 3,000

Highland Park 25 Years Old

香氣：橡木香氣、太妃糖、巧克力、柑橘與熟成葡萄的香氣。

口感：口感豐富柔順，太妃糖、堅果味與熟成葡萄。

尾韻：持久悠長，尾段有柑橘與熟成葡萄的氣味。

C/P 值：●●●●○

價格：NT$5,000

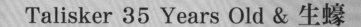

Talisker 35 Years Old & 生蠔

Talisker 的酒窖位於海邊，使得他們的威士忌帶有一點清新的海風香氣，仔細品嚐還有一點微微的海鹽鹹味，這股鹹味讓 Talisker 跟大多數海鮮都非常搭配，尤其是貝類或生蠔，肥美的生蠔甜味在這股鹹味的反襯下會在你的舌間爆炸般的迸發開來，像是突然來襲的大浪，等浪潮退去後，留在舌頭上的除了生蠔的鮮味，還有迷人的麥芽甜味，是非常棒的餐酒搭配。

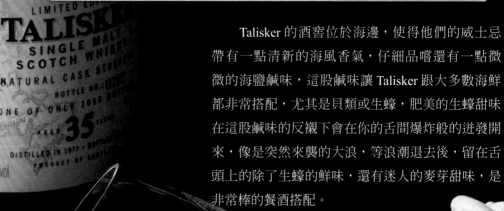

遠離塵囂的烏托邦
Tobermory
托本莫瑞

Tobermoty 酒廠位於海港旁邊，是世界上僅存最古老的酒廠之一。創立於 1798 年、1930 年關閉。1972 年新的老闆入主，決定將酒廠的名字更名為 Ledgiag，這也是此區域的古名，蓋爾語是「遠離塵囂的烏托邦」。海港景色優美寧靜，像一張明信片，自古以來便是水手與漁船躲避風雨的住所。1972 年到 1989 年間，酒廠經歷多次易主與變更，數次瀕臨倒閉危機，直至 1993 年 Burn Stewart Distillers（CL Financial）併購後才慢慢恢復元氣，同時用回 Tobermory 的名字。

曾造訪這家酒廠兩次，最深刻的印象就是這裡的海鮮非常好吃！最著名的是淡菜的養殖，更有人戲稱這裡是淡菜之島（Mussel Island）。酒廠就在島上旅遊諮詢處的旁邊，酒廠旁有一棟樓，原本是酒廠的倉庫，但是因為經營不善缺乏資金變賣，現在成為公寓住家。酒廠很小，大概只能容納少數人，倉庫也只能放置約 100 桶酒，於是酒廠只負責生產，年產量達到 10 萬升，再把產出的 Spirit 運到本島隸屬同集團的 Deanston 酒廠裝桶再熟成。

酒廠資訊

地址：Tobermory , Isle of Mull , PA75 6NR

電話：+44 (0) 1688 302645

網址：www.tobermorymalt.com

在少數有歷史記載的文獻記錄中，愛爾蘭是最早有歷史記載生產威士忌的國家。愛爾蘭以獨特 3 [次]蒸餾製作威士忌方式，其酒體輕盈與口感純淨的特色，征服了許許多多威士忌迷！愛爾蘭威士忌發展到 18 世紀達到了顛峰，甚至是美國最暢銷的威士忌，隨著美國禁酒令的執行，才慢慢逐漸衰退。

目前愛爾蘭只剩下 3 家酒廠在運作。其中兩家屬於集團所擁有，只剩下一家是獨立運作的蒸餾廠。期許未來會有更多的小型獨立蒸餾廠的成立，讓愛爾蘭威士忌產業能更加多元！

第 2 章　愛爾蘭

日本威士忌近年來在國際屢獲大獎,聲勢更甚於其它國家的威士忌。

基本上,日本主要的威士忌酒廠都是由三家大型集團所擁有。日本 Suntory(三得利)集團擁有山崎與白州蒸餾廠;NiKKa 集團擁有余市與宮城峽蒸餾廠;Kirin(麒麟)集團擁有富士山麓蒸餾廠。未來的明日之星為近年來新成立的秩父蒸餾廠。秩父蒸餾廠為小型獨立的蒸餾廠,靠著其小有彈性,以及創新與堅持的製造威士忌的方式,逐漸在國際受到矚目。另外還有兩間墜落的隕星——羽生與輕井澤,值得大家關注。這兩家關廠的日本威士忌酒廠,發行了一系列剩餘酒桶的單桶原酒後,受到全世界日本威士忌愛好者的喜愛,單桶威士忌身價水漲船高,國際間的拍賣價格屢創新高。

第 3 章　日本

　　白州廠內配備了 12 座巨大的蒸餾機，雖然與同隸屬於 Suntory（三得利）集團的山崎蒸餾廠一樣是 6 組，形狀卻頗有差異，因為白州與山崎所使用的大麥原料本就有所差異，想要做出來的原酒口味也不一樣，因此蒸餾器的設計當然也不同。白州的全都是以直火加熱，因此生產的原酒種類僅約 40 種，但特色卻更為鮮明。場址位於群山之間，力求與大自然共生，Suntory 為了維護這優越的自然環境與水源，將酒廠附近的森林全數買下，同時以最不破壞自然的方式作業，廠內連巴士都是全電動的，完全沒有廢氣問題。酒窖大多是層架式，光我們造訪的那個酒窖約可儲存 2.4 萬桶原酒，而整個白州的總窖藏數達到 40 萬桶之多，相當驚人。

　　由於位於山區，白州蒸餾廠的溫度跟蘇格蘭非常接近，陰涼宜人，也給了儲存的酒藏最好的熟成環境。白州主要使用 4 種不同的橡木桶做陳年，而且是日本少數有自己製作桶子的酒廠，連山崎酒廠所使用的橡木桶都有很許多出自於此。

　　白州被賦予的任務是要創造出與同集團的山崎不同風貌，風格非常細緻、清新有迷人的香草味，非常適合 High Ball 的喝法，並帶有淡淡的煙燻味。適合搭配海鮮、燻烤的食物，會襯出食物的風味而自己又散發淡淡的清香。如果沒有嚐試過日本威士忌的話，可以白州作為入門的第一支，他們的細緻與質感相當具備 Japanese Style ！

　　廠內附設的威士忌博物館具有日本全詳細的威士忌歷史相關資料，眺望台的設計可以讓遊客瞭望並欣賞周邊優美的景色，非常值得一遊。店內販賣的咖哩飯與煙燻鮭魚更是一絕，是利用他們的木桶剩下的屑木去烘烤出來的，與自家的威士忌形成了完美絕配！

Hanyu 2000 Cask#1305

香氣：香草、橡木、柑橘、巧克力、葡萄乾與黑巧克力。

口感：口感渾厚，充滿香草、美國白橡木、巧克力與柑橘的口感。

尾韻：中長，尾段有淡雅的煙燻柑橘與黑巧克力氣味。

C/P 值：●●●○○

價格：NT$5,000 以上

Hanyu 2000 Cask#9523

香氣：水楢木的香氣、細緻煙燻、香草、麥芽與奶油的香氣

口感：口感細緻圓潤，細緻的香草與煙燻味非常迷人

尾韻：中長，尾段有一股綿長淡雅的煙燻木桶味

C/P 值：●●●●○

價格：NT$5,000 以上

　　2007 年伊知郎先生在羽生酒廠不遠處開始建造 Chichibu 秩父酒廠並於 2008 年開始生產，是全日本最新的酒廠，位於東京西北方埼玉縣秩父市，距離東京約兩小時車程。依循傳統，在建造前，伊知郎先生還特別邀請了日本神道教的神職人員來主持傳統的破土典禮。秩父酒廠使用兩種不同品種的麥芽，分別來自德國與蘇格蘭，烘培完成再運到日本。但伊知郎先生的目標是成為一個自給自足的酒廠，他未來計劃種植麥芽、甚至在鄰近區域找到了開採泥煤的地點。酒廠目前擁有 1 座糖化槽、5 座由日本橡木打造的發酵桶，一對來自蘇格蘭由 Forsyth 生產的蒸餾器。

　　由於酒廠還非常的新，秩父在 2008 年裝瓶了在美國波本橡木桶才熟成幾個月的新酒，濃度在 62% 至 64% 之間。值得一提的是，在蘇格蘭通常使用奧瑞岡木或者是不鏽鋼作為發酵槽，但是伊知郎先生特別使用水猶木（日本橡木）製作發酵槽，所以秩父的酒質特別細緻，2011 年秩父出產第 1 支威士忌（The First），雖只熟成 3 年，精緻與細膩度獨具一

格不輸大廠，且非常具有日本的東方味。伊知郎先生在威士忌的生意上還有其它多元化的參與，例如他們目前正幫輕井澤剩下珍貴的酒桶裝瓶；而他手上還有之前買進川崎（Kawazaki）酒廠在雪莉桶熟成的穀類威士忌，當初是用來作為羽生生產調和威士忌使用，也是只有珍貴的 10 桶！以他對威士忌的熱情與品質堅持、以及在生意上的多元觸角，相信秩父未來一定是日本的明星酒廠。而不同於日本其它威士忌酒廠，秩父與羽生，是日本少數能躍上國際的獨立酒廠，在境內擁有一定的地位與尊重，所以只要有酒出產，一定是秒殺般的支持！

Ichiro's Malt The First

香氣：香草、橡木、奶油、檸檬皮與麥芽的香甜味。

口感：口感濃郁，充滿香草、美國白橡木與奶油的口感。

尾韻：中長，尾段有淡雅的奶油氣息。

C/P 值：●●●●○

價格：NT$3,000 ～ 5,000

Ichiro's Malt The Floor Malted

香氣：細緻煙燻、香草、麥芽、柑橘皮與草香。

口感：口感細緻圓潤，細緻的香草與麥芽甜味非常迷人。

尾韻：中長，尾段有一股綿長淡雅的橡木與麥芽的氣味。

C/P 值：●●●●○

價格：NT$3,000 ～ 5,000

Ichiro's Malt The Peated

香氣：細緻煙燻泥煤、青草、燻燻鴨、橡木、香草與麥芽的香氣。

口感：口感圓潤厚實，橡木桶、麥芽與煙燻味道融合成完美的協奏曲！

尾韻：悠長，尾段有一股輕柔的煙燻味。

C/P 值：●●●●●

價格：NT$3,000 ～ 5,000

珍貴停產的威士忌華麗逸品

Karuizawa

輕井澤

　　輕井澤蒸餾所是在 1955 年由美露香集團所建立，是日本最小的蒸餾廠，精小又忠於傳統製成。位於日本的避暑勝地輕井澤，四周被淺間山、鼻曲山、碓冰嶺等山峰所包圍，夏季氣候涼爽。地處海拔約 1,000 米的高原地帶，這裡落葉松和白樺樹生長茂盛，水源純淨、自然環境宜人，從 19 世紀末開始輕井澤就成為日本有代表性的避暑勝地而發展至今。

　　美露香集團之前是以釀造紅酒為主，2007 年 Kirin Holdings Company, Limited（麒麟控股株式會社）將輕井澤與美露香買下。但遺憾的是，Kirin 並沒讓輕井澤恢復生產，他們只是將輕井澤留下的庫存拿來當旗下另一家酒廠富士御殿場的調酒基酒，這實在是一件讓人難以接受的事實，也反應出市場的殘酷。

　　考量所有的因素，製造成本太高是導致輕井澤難以在市場生存的主要原因。輕井澤是日本第一家使用從蘇格蘭進口發芽大麥，也是與 Macallan 使用的同一品種——Golden Promise Barley，使用的泥煤也是從蘇格蘭直接進口。不同於其它日本酒廠使用日本橡木，酒廠 99% 都使用西班牙雪莉桶做熟成，其餘是用波本桶與紅酒桶。堅持著進口原料與昂貴的酒桶，雖然品質極優但酒廠的生產量卻不多，總和這些因素，導致其無法繼續生存，2000 年便停廠了。

酒廠資訊

已關廠

　　非常值得一提的，該蒸餾廠的發酵桶跟多所蒸餾廠一樣，曾經使用不銹鋼桶，然後又換回木桶。原因是換成不銹鋼槽容易清洗，但酒質變了所以又改回木製槽。所用的水是在輕井澤當地的水，屬於硬水。輕井澤在遊客試喝區裡有免費的水讓大家試喝，他們強調用原始蒸餾酒的水搭配該酒廠的威士忌更美味，這也是該酒廠的一項特色。

　　到目前為止，整家酒廠只剩下 300 桶可裝單桶原酒的酒，整體風格華麗偏甜。1984 年份以前的老酒，只剩下 80 桶，其餘的皆於 1990 至 2000 年間。其中紅酒桶的威士忌有豐富的果香味，酒體非常飽滿，口感異常柔順，只有僅僅 18 桶。這珍貴的 300 桶酒，已經被 3 家公司買走，分別是英國 The Whisky Exchange、法國 La Masion Du Whisky 以及台灣華緯國際（www.spirits.com.tw），基於喝掉一瓶就少一瓶的現況，如果想要試試看輕井澤華麗飽滿的高貴特質，最好趕快出手收藏！好消息是，1960 年最老的酒目前尚未面世，但預計將來會讓有興趣的威士忌迷們一「嚐」芳澤。

Karuizawa 1977 Cask#3584

香氣： 乾葡萄、櫻桃、草莓、蜂蜜、橘子皮與細緻的黑巧克力。

口感： 口感圓潤，蜂蜜的香甜味、柑橘的酸甜、杏仁堅果與細緻的橡木氣味。

尾韻： 悠長，尾段有一股細緻葡萄乾與肉桂香氣。

C/P 值： ●●●●○

價格： NT$5,000 以上

Karuizawa 1976 Cask#7818

香氣： 熟成葡萄、巧克力、堅果、麥芽、細緻的橡木香氣與蜂蜜的香甜。

口感： 口感厚重，櫻桃、烘烤杏仁堅果、梅乾與麥芽香甜的口感。

尾韻： 悠長，尾段有一股細緻的巧克力與酸梅的氣味。

C/P 值： ●●●●●

價格： NT$5,000 以上

Karuizawa 1972 Cask#8833 40 Years Old

香氣：梅乾、太妃糖、淡淡的硫磺、橘子果醬、麥芽、蜂蜜與草莓果香。

口感：口感渾厚，有來自雪莉桶的芳香、蜂蜜、葡萄乾、柑橘與巧克力。

尾韻：悠長，尾段有一絲絲黑巧克力與奶油氣味。

C/P 值：●●●●●

價格：NT$5,000 以上

Karuizawa 1967 Cask#2725 45 Years Old 命之水

香氣：熟成水果、雪莉酒、橡木、草莓、橘子果醬與黑巧克力的香氣。

口感：口感醇厚複雜，有豐富的熱帶水果、細緻煙燻木桶與淡淡的黑巧克力味。

尾韻：悠長，尾段有非常悠長的熟成水果、巧克力與橡木的氣味。

C/P 值：●●●●●

價格：NT$5,000 以上

為亡妻成立的酒廠
Miyagikyou
宮城峽

位於仙台的宮城峽（Miyagikyou）蒸餾廠，是 Nikka 集團中的第二家蒸餾廠。仙台的特產為牛舌，一出新幹線的車站，會發現許多的店家在販賣牛舌的相關產品，種類之多會讓人眼花撩亂。走在仙台市的街道，讓人感覺這是一個日本北部重要的城市，非常先進與乾淨，尤其該城市的空氣非常舒服。不過街上的餐廳還是以牛肉與牛舌為主，有種「牛舌之都」的感覺。

市中心距離宮城峽蒸餾所約 1 個半小時的車程。參訪的時候決定以搭公車的方式前往。路上的風景非常宜人，可以真實的感覺到農村的平靜的生活是一種無價的幸福。終於抵達宮城峽蒸餾所後。第一眼看到這個地方，直覺這裡好像漂亮許多的蘇格蘭休閒渡假村。

宮城峽蒸餾所是竹鶴政孝先生所建，他是日本威士忌產業界的祖師爺，早期赴蘇格蘭留學，長得很帥很有洋味，還娶了位美麗的蘇格蘭老婆，在蘇格蘭的 Longmore 學習蘇格蘭威士忌的相關知識後才返回日本。日本的主要蒸餾廠，包括山崎、余市與宮城峽都是由他所建立的，他在

酒廠資訊

地址：宮城峽仙台市青葉ニッカ 1 番地

電話：+81 (0) 22 395 2865

網址：www.nikka.com

日本威士忌產業可是擁有無可比擬的崇高地位。
據說竹鶴先生喝到了一口新川的水之後，其水質
讓他驚為天人，於是決定宮城峽酒廠設在此處，
還特地立碑來紀念找到如此棒的水源。

　　Nikka 集團下有兩間蒸餾廠，北有余市，南有
宮城峽，所以又有人稱余市是高地威士忌；宮城
峽為低地威士忌。

　　酒廠於 1969 年建立，據說是竹鶴先生的太太
過世後，他想要做一些事情紀念她，考量到余市
的強烈口味，他更想要製造口感溫和的麥芽威士
忌，同時滿足公司調和威士忌日增的需求，宮城
峽因而誕生。酒廠於 1979 年與 1989 年兩度改建。
雖然在改建的過程中，讓竹鶴先生想要保存的蘇
格蘭酒廠的風貌有點走樣，但還是能發現酒廠想
盡力在現代與傳統中取得平衡點的努力。1989 年
推出 12 年仙台宮城峽單一純麥威士忌。主要銷售
點在仙台，1999 年改名為 12 年仙台單一純麥威士
忌。2001 年為了將銷售網拓展到全日本，正式命
名為宮城峽單一純麥威士忌。

　　走入酒廠裡會先進入遊客中心，酒廠的中央
有一座非常迷人的湖泊，但酒廠內一切的工業化
與標準化，讓我感覺好像在逛一間工廠，非常無
趣。但意外發現酒廠還有古菲氏蒸餾器，據說不
僅用來蒸餾穀類威士忌，偶爾還會用來蒸餾麥芽
威士忌。為的就是要讓調酒人員，有更多不一樣
風味的原酒。

　　到了桶子存放區，除了沉睡中的橡木桶，還
很貼心放了 3 個桶子，讓遊客可以去聞一聞，了
解酒放在木桶裡因時間變化所導致的香氣變化會
如何。這是我逛過那麼多家酒廠，第一次發現有

酒廠這樣做的。上前試了一下，果然酒齡比較年輕的桶子，木桶味與酒精味非常重；相反地，酒齡比較老的，香氣四溢，讓人感受到該酒廠單桶原酒的魅力。

到了試飲區，導遊小姐介紹一系列的宮城峽酒廠出的酒款，旗下調和式麥芽威士忌品牌「竹鶴」17 年讓我印象深刻。其用宮城峽與余市的麥芽威士忌加上穀類威士忌調和而成的調和威士忌，能同時品味兩家酒廠的風格，是購酒的首要選擇。此酒款同時也是竹鶴先生為了他太太而出的紀念酒款。試飲區提供的酒非常大方，無限暢飲自己倒，好在我知道自己肝只有一個，好酒是喝不完的，只好挑選幾杯自己想品嚐的酒來試飲。

在離開酒廠的公車上，心理想著一件事，也許目前工廠化的生產並不是竹鶴先生所要的，傳統費工看似愚笨的作法，或許是一種美麗的依循。若是依照前人的作法，我們能品嚐跟幾百年前古人所品嚐相同的美酒，彷彿我們跟古人在作一場跨時代的交流。

可惜經過福島地震之後，宮城峽因為要檢測輻射值同時兼顧品質的維持，所以最近幾年出產的量也不比以往了。

Miyagikyou 10 Years Old

香氣： 花香、胡椒、蘋果西打，漸漸的變成太妃糖般的奶油香的氣味。

口感： 口感圓潤，甜甜酸酸，像是梨子糖漿、亮光劑與柑橘口感。

尾韻： 中短，尾段主要是橡木與辛香料的風味。

C/P 值： ●●●●○

價格： NT$1,000 ～ 3,000

Miyagikyou None Age

香氣： 新鮮的蘋果汁、淡淡的橡木與水果泥，慢慢的木頭氣味轉變成香甜的餅乾與枸杞。

口感： 口感厚重，一開始有點酸，接著風味變得有點平淡，有薄荷和濃厚的水果味，感覺有點膩人。

尾韻： 中短。

C/P 值： ●●●○○

價格： NT$1,000 以下

日本威士忌祖師爺的愛情與堅毅

Nikka Yoichi

余市

　　2008 年在被視為業界聖經的 *Whisky Magazine* 舉辦的世界威士忌競賽（WWA）中，最受矚目的「全球最佳單一純麥威士忌」獎項頒給日本北海道一家著名釀酒廠所出產的威士忌，這是首度有蘇格蘭地區以外的釀酒廠獲得此項殊榮。獲獎的就是 Nikka 余市蒸餾廠的「1987」威士忌。這項殊榮的背後，有著突破又堅持傳統的平衡、以及創始人竹鶴政孝與他蘇格蘭妻子在文化衝突與戰爭背景交錯下的堅忍愛情、以及對威士忌的無盡熱情。

　　竹鶴先生出生自日本大家族，由於對威士忌味道的熱愛，1918 年遠赴蘇格蘭格拉斯哥大學攻讀化學，後於蘇格蘭到處拜訪酒廠，最後於斯佩賽區的 Longmorn 酒廠學習到關於威士忌的種種知識。在停留蘇格蘭的期間，他瘋狂地愛上了當時借住的某位醫生遺孀家中的女兒 Rita，兩人未經雙方家長同意就私自結婚，時為日本社會風氣相當封閉的 1920 年。回到日本後，經歷文化衝突、語言障礙甚至後來二次世界大戰同盟國與軸心國立場的對立，他們的愛情與酒廠共同經歷了相當辛苦的時期。

酒廠資訊

地址：北海道余市郡余市町　川町 7-6

電話：+81 (0) 135 23 3131

網址：www.nikka.com

　　竹鶴先生原是 Suntory（三得利）集團下山崎蒸餾廠的建造人之一，因堅持遵循蘇格蘭風味，與 Suntory 另一位創辦人想法迥異，在理念不同的情況下，竹鶴先生離開 Suntory，選在與蘇格蘭人口、面積、氣候雷同的北海道札幌西邊，打造出非常傳統蘇格蘭風的 Nikka 余市蒸餾廠。也因為這樣，我在余市博物館裡竟然看到完整的山崎蒸餾廠的原始建構圖，是個相當有趣的狀況。

　　1934 年竹鶴政孝師承當年在 Longmorn 的記憶與經驗所興建的 Nikka 酒廠，彷彿一個遺世獨立的威士忌桃花源，時間幾乎沒有在此留下痕跡。步道蜿蜒穿過草皮，路邊松樹矗立點綴，沿途可看到一整排整齊乾淨的小石屋，竹鶴先生與妻子過去就曾經住在其中一棟小屋裡面，而小屋依然保留他們生前居住的模樣。

　　酒廠採用現今諸多蘇格蘭酒廠都放棄的傳統煤炭直火加熱蒸餾器；直火加熱極度依賴師傅的經驗來控制溫度，連帶著也影響到出來的味道並不保證統一。如果有機會喝到余市的單桶的酒，可以比較看看每一次喝到的口感，這種不完美中的完美，似乎也呼應了竹鶴先生的浪漫。Nikka 近年來也有使用蒸汽間接加熱，並且是世界上少數仍自己用泥煤燻麥的酒廠，水源則來自於蒸餾廠內部的一口井，水質非常軟，基於身處在北海道，水質當然不用說。比起以泥煤味聞名的蘇格蘭艾雷島，余市威士忌趨於內斂但不失堅毅。Nikka 使用的酒桶多元，得獎的「1987」就有不同形態酒

桶影響；而廠中酒桶排列使其充分地與大自然交流。余市先天優良的自然條件，面山背海的地理位置讓山與海的氣味都能滲入酒裡，古法製造與蘇格蘭高地泥煤風味的造就其強勁厚實的口感。想像著在北海道的冬天，冷冽被白雪包覆的下雪夜晚，凍着的身體，喝一口強勁煙燻味的余市，會讓人有活著的感覺，有著絕對的感動。

Yoichi 10 Years old

香氣：淡淡的煙燻泥煤、烘烤堅果與木頭，微微的藍莓香氣。

口感：口感圓潤，有煙燻泥煤、熟成水果與堅果的味道。

尾韻：中短，尾段有很特別的煙燻水果的香氣。

C/P 值：●●●●○

價格：NT$1,000 ～ 3,000

Yoichi Single Malt

香氣：淡淡的煙燻泥煤、熟成香蕉、白胡椒與微微的杏仁香氣。

口感：口感圓潤，有煙燻泥煤、熟成香蕉與奶油的味道。

尾韻：中短，尾段有很特別的奶油的香氣。

C/P 值：●●●○○

價格：NT$1,000 以下

日本威士忌的開山始祖
Yamazaki
山崎

　　日本第一家蒸餾廠：Yamazaki 山崎蒸餾酒廠於 1923 年成立，1924
年投產。山崎位於大阪郊區一座竹林遍佈的小山腳下，離京都也很近。
茶道大師三船敏郎的茶室就在這裡，所以不難猜到這個地區以水質好而
聞名。山崎地區自古擁有「水生野」的稱呼，「水生野」意為在大自然
曠野中湧出的水源，而「離宮之水」即是其中之一，它的質純清洌，被
日本環境廳（相當於台灣環保署）選為日本名川百例之一。製作威士忌
的重要因素就是水源，由此可知山崎蒸餾廠得天獨厚的自然環境。為了
保護酒廠珍貴的水源地，他們甚至將周遭的森林地都全數買下作為酒廠
的資產，確保並維護水源的質地。有機會去造訪山崎酒廠的話，一定要
去見識一下那清澈見底的純淨水源。

　　在蘇格蘭，為了增加調和式威士忌的香氣與口感複雜度，蒸餾廠們
會互相交換威士忌原酒。但是日本由於蒸餾廠的數量不多，又處於相互
競爭的角色，能換到的威士忌原酒有限。為了能讓自家的威士忌香氣與
味道更加豐富，山崎改造酒廠的蒸餾器型狀、以及進行其它製作過程的

酒廠資訊

地址：大阪府三島郡島本町山崎 5-2-1

電話：+81 (0) 75 962 1423

網址：www.suntory.com/factory/yamazaki

變更、創新實驗，藉由不同型狀的蒸餾器與多樣製成因子下的改變，來增加原酒的變化度。整個過程與規模簡直像是創立實驗室般的縝密與耐心試驗，經由創新、不斷的配對與改良，打造出多樣化的原酒與搭配風格！

　　首先，在 2005 年夏天，Suntory（三得利）集團開始更換 3 對蒸餾器，新的蒸餾器於 2006 年 2 月開始工作。山崎總共有 6 對壺型蒸餾器，按 1 至 6 對蒸餾器組進行編號。第 1 組、第 2 組和第 4 組是被更換的 3 對蒸餾器。新的蒸餾器比原先要小，酒精蒸餾器的容量從原來的 3 萬升，改成只有 1.2 萬升。所有新的壺型蒸餾器形狀互不相同。第一組蒸餾器的頸部豎直、林恩臂朝下、角度很大。第 2 組的兩個蒸餾器都安裝了沸騰球，得到的烈酒口感優雅。第 4 組兩個蒸餾器的頸部很寬，得到的烈酒口感平衡。所有的蒸餾器都使用直接加熱。這些改變成功創造出各種口味濃郁而豐富的麥芽威士忌。

　　不僅在蒸餾器上增加變化，山崎還在冷凝器上做實驗。第 3 組採用不鏽鋼的蟲桶來冷凝、第 5 組的蒸餾器採用木製的蟲桶來冷凝，不同的冷凝器會影響水蒸氣冷凝的速度，也會影響到威士忌的口感。山崎蒸餾廠原本只使用蒸餾酒酵母，後來開

始混合使用蒸餾酒酵母和啤酒酵母。

改進蒸餾器與酵母後，最後，山崎蒸餾廠使用許多創新的木桶來熟成威士忌，例如：竹製酒桶、梅子的酒桶等等。最有名的就是用日本橡木所作成的「水楢桶」，此酒桶所熟成出的威士忌都帶有非常清新的木桶香氣，在調和式威士忌中混合一些水猶桶的原酒，更能增加威士忌複雜層次的口感。這也是為什麼近年來 Suntory「響」系列頻頻獲得國際大獎的因素之一。

2004 年，Suntory 開始推行 Owner Cask 項目，為個人特別裝瓶。客戶可以親自挑選自己喜愛的威士忌。每桶的價格從 50 萬日圓到 3,000 萬日圓不等。2005 年推出了山崎 50 年陳釀並在數小時內銷售一空，2006 年他們又推出了 300 瓶 35 年陳釀，每瓶標價高達 50 萬日圓，也迅速銷售一空。這款威士忌洋溢奶油氣息，又有蘋果的香氣，回味中帶有檀木的香味。

山崎遊客中心曾獲得了由威士忌雜誌 *Whisky Magazine* 品評的「威士忌偶像 2006（Icons of Whisky 2006）年度遊客中心獎」。

The Yamazaki Single Malt Whisky

香氣：梅果乾、櫻桃、草莓、蜂蜜、橘子皮與細緻的橡木香氣。

口感：口感圓潤，蜂蜜的香甜味、梅果乾的酸甜與細緻的橡木氣味。

尾韻：中長，尾段有一股細緻梅果乾與肉桂香氣。

C/P 值：●●●●○

價格：NT$1,000 ～ 3,000

The Yamazaki Single Malt Whisky Aged 12 Years

香氣：熟成水果、青梅、麥芽、細緻的橡木香氣與蜂蜜的香甜。

口感：口感圓潤細緻，櫻桃、香草奶油、梅乾與麥芽香甜的口感。

尾韻：中長。

C/P 值：●●●●○

價格：NT$1,000 ～ 3,000

Single Malt 全球單一純麥威士忌一本就上手
Whisky

推薦單品

The Yamazaki Single Malt Whisky Aged 18 Years

香氣：梅乾、太妃糖、橘子果醬、麥芽、蜂蜜與草莓果香。

口感：口感渾厚，有來自雪莉桶的芳香、蜂蜜、奶油、胡椒、巧克力與柑橘。

尾韻：悠長，尾段有一絲絲黑巧克力與奶油氣味。

C/P 值：●●○○○

價格：NT$1,000 ～ 5,000

The Yamazaki Single Malt Whisky 25 Years Old

香氣：熟成水果、雪莉酒、柑橘皮、草莓、橘子果醬與黑巧克力的香氣。

口感：口感醇厚複雜，有豐富的果香、細緻煙燻木桶與淡淡的黑巧克力味。

尾韻：悠長，尾段有非常悠長的水果與橡木的氣味。

C/P 值：●●○○○

價格：NT$5,000 以上

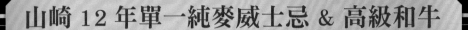

山崎 12 年單一純麥威士忌 & 高級和牛

　　甘美又帶著獨特的櫻桃、梅子、日式檀香等香氣，偏向蜂蜜而非麥芽甜味的口感，是山崎威士忌很大的一個特色；而這樣的味道與高級的和牛搭配起來堪稱是天作之合；不需要太多的佐料調味，適度燒烤，大約 7 分熟的和牛，一口咬下去那鮮美的肉汁，入口即化的口感絕對讓所有吃過的人永生難忘，這時候喝下一口山崎 12 年，鮮美昇華為甘甜，燒烤的香氣進化成一首多層次，與威士忌共鳴的香味交響曲。

推薦餐廳：甕也炭火燒肉

隨著威士忌逐漸風行全球，有越來越多國家成立威士忌酒廠，搶食這塊大餅。其中兩個國家我非常看好，一個是台灣；另一個是瑞典。

台灣目前為全世界非常重要的威士忌市場。沒有任何理由，我們自己不生產自己國家的威士忌，更何況我們有廣大的中國內需市場當腹地。只要專注品質，精益求精，相信不久的將來台灣威士忌會風行世界。

瑞典目前已經有 8 家威士忌酒廠正在運作，已經漸漸形成一個產區特色，未來勢必得到越來越多威士忌迷的關注。

第4章 新興威士忌

史上最強體驗行銷度假村酒廠
Mackmyra
瑞典 馬克米拉

Mackmyra 成立於 1999 年，距離首都斯德哥爾摩大約一個小時的車程。目前有兩個廠區，新廠耗資 1 億 4,500 萬歐元有計畫性地蓋成威士忌度假村。廠區裡有一個超大型的儲藏酒窖，沒親身經歷見識到的人，實在沒法體會這個酒窖的規模。裡面總共有 20 萬桶酒的儲備量，而且還只是一期工程，陸續還會有二、三期工程。目前 Mackmyra 主力放在銷售小酒桶給私人擁有，預計在 2014 年達到每年賣出 4,000 桶的量，平均一桶的價格為 2,000 歐元到 4,000 歐元之間。新酒廠強調的是一種體驗行銷，遊客可以先到在酒廠內的度假村享受與遊逛，然後購買酒桶。為了讓酒廠獨立於外界不受干擾，酒廠還花了不少錢跟瑞典軍方把周遭的土地與河流買下，讓酒廠與旅客中心的旅客有專屬的森林與河流度假與休息。酒廠提供 3 種酒桶供客人選擇，分別是美國波本橡木桶、西班牙橡木雪莉桶與瑞典橡木桶，個人比較推薦瑞典橡木桶，而每位買下酒桶的人都會擁有自己的免費儲酒空間 3 年，若 3 年後還不裝瓶的話，每年需支付 50 至 100 歐元倉儲費。

酒廠資訊

地址：Nobelvägen 2, 802 67 Gävle, Sweden

電話：+46 (0) 26 54 18 80

網址：mackmyra.com

　　Mackmyra 的舊廠像是一個世外桃源,有清澈的水流與漂亮的建築物,是一個小型又有味道的蒸餾廠,旁邊還有一座私人的高爾夫球場。舊廠的附近有一個蓋在山洞下 50 公尺底下非常壯觀的酒窖,要開車下去才能抵達。酒窖總共有四個大型儲藏室與一個裝瓶工廠,每年均溫 12 度,放在這裡的酒桶第一年的 Angel Share 為 3%,以後每年為 1.5%,變化不大。這酒窖可是 Mackmyra 酒廠的秘密武器,酒廠的 First Edition 酒就全部出自於這個全世界最深的威士忌山洞酒窖中!據該酒廠的 Erik 表示,該酒窖的氣溫穩定又在地底下,所以儲藏在這裡的酒品質非常穩定,不容易受到氣候的影響導致每個酒桶的品質不一,該酒廠的首席調酒師 Angela 就非常推崇該酒窖的酒質穩定度,讓調酒師非常好發揮,這也是 Mackmyra 威士忌近年來逐漸被威士忌迷們所注意且驚嘆的原因之一。

Mackmyra Brukswhisky

香氣：相當的淡雅，不太尋常的酒精強度，些許的亮光
漆、明顯的杏仁，和一點點的類似苦艾酒的氣味，
整體清爽。

口感：口感柔順，細緻的麥芽與杏仁的味道。

尾韻：中長，尾段有一股細緻的麥芽香甜味。

C/P 值：●●●○○

價格：NT$1,000 ～ 3,000

Mackmyra Preludium 01

香氣：蘋果、檸檬和淡淡一股酵母菌的味道，還有剛鋸下
的木屑、草地上的花和種植於花園的薄荷葉。

口感：口感圓潤，帶有烤蘋果與杏仁的風味。

尾韻：中長，尾段有花朵、柑橘與些微的太妃糖氣味。

C/P 值：●●●○○

價格：NT$5,000 以上

蘭陽平原有好山好水好釀酒廠
The Kavalan
台灣 噶瑪蘭

2008 年建廠，坐落於台灣好山好水的宜蘭，成立短短數年，噶瑪蘭威士忌已經囊括了無數國際大獎，在 2010 年蘇格蘭利斯港的一場盲飲會中以優異的分數拿下了第一，跌破大家眼鏡；在 2013 年奪下世界威士忌競賽（WWA）的年度風雲蒸餾廠殊榮，經典獨奏 Fino 桶更是在美國國際烈酒評鑑（IRSC）中拿到滿分的榮耀。

金車集團在台灣以家用品起家，跨足飲料市場也已經有 30 多年的歷史，以伯朗咖啡為先鋒進軍國際。為了創立噶瑪蘭酒廠，金車集團以董事長李添財為首，出國考察了許多次，也特地請來日本威士忌酒廠的專家評估，並聘請專家做了許多分析與調查報告，雖然報告的結果，專家們並不建議在台灣興建酒廠，但集團在不斷的考察與試酒過程確認了想要生產出的風味與蒸餾器的形狀以及結構。目前有 2 組蒸餾器，除了保養期間之外幾乎全年無休的在蒸餾原酒，

關於台灣第一家威士忌蒸餾廠的取名，我曾經問過他們為何要以噶瑪蘭作為品牌名稱，創辦人非常堅持的認為既然蘇格蘭的酒廠可以用他

酒廠資訊

地址：宜蘭縣員山鄉員山路 2 段 326 號

電話：（03）922-9000 分機 1104

網址：www.kavalanwhisky.com/index.html

們的古地名命名，台灣當然也可以。這樣的精神讓噶瑪蘭成為台灣第一家威士忌蒸餾廠，並不負眾望的拿下一座又一座的獎項，讓國際上的朋友都知道，台灣人不是只會喝單一純麥威士忌，我們也是會釀出屬於自己的單一純麥威士忌！

由於台灣氣候太熱，不像蘇格蘭天然恆冷，加上台灣的法規規定酒廠只能設立在工業區等不良條件，使得酒廠木桶平均蒸發的比例太高，導致噶瑪蘭很難做到 5 年以上的酒。製作威士忌桶子與熟成的步驟非常重要，用一般的酒類製作來看待其實非常不公平，台灣政府如果可以早日修改一些舊的菸酒管理辦法與酒廠設置規定，其實宜蘭金車威士忌酒廠也是非常容易能找到個山洞像金門高粱一樣在地窖中熟成，想像著橡木桶們在山洞中慢慢熟成，他們應該也很愉快吧！

Single Malt
全球單一純麥威士忌一本就上手
Whisky

推薦單品

Kavalan Single Malt Whisky

香氣： 花香、果香味、蜂蜜、熱帶芒果、青蘋果、洋梨、
香草、椰子與淡淡的巧克力味道。

口感： 口感圓潤，水果之香甜風味與橡木辛香風味。

尾韻： 中短，尾段帶有一股淡淡的柑橘味道。

C/P 值： ●●●○○

價格： NT$1,000 ～ 3,000

Kavalan Solist Fino Sherry Cask

香氣： 雪莉桶香氣、奶油、太妃糖巧克力和複雜的水果香
氣。

口感： 口感濃郁，水果軟糖的香甜，豐富的果香味穿插著
煙燻木頭口感。

尾韻： 悠長，尾段有非常豐富的果香氣味。

C/P 值： ●●●●○

價格： NT$5,000 以上

品酒筆記

附錄 1

精選酒吧介紹

台北 / 台南 / 高雄 / 東京 / 札幌 / 倫敦 / 愛丁堡 / 香港 / 上海

※ 本附錄地圖由 *Whisky Magazine* 授權提供。

Taiwan
Taipei
台灣 台北

Indulge
地址：台北市復興南路一段219巷11號
電話：02-2773-0080

Trio華山店
地址：台北市中正區八德路一段一號
　　　〈華山1914文創區內〉
電話：02-2358-1058

Mod
地址：台北市大安區仁愛路四段345巷4弄40號
電話：02-2731-4221

Office of the President Republic Of China

National Concert Hall

National Central Library

National Theater

National Museum of History

VANHUA

Ta-an Forest Park

RÉN'ÀI ROAD

XINYL RD

HEPING WEST ROAD

SHUIYUAN RD

Zhongzheng Riverside Park

SHUIYUAN EXPY

Champagne Bar
地址：台北市安和路一段75號
電話：02-2755-7976

L'arriere-cour 後院
地址：台北市大安區安和路二段23巷4號
電話：02-2704-7818

China White & Wine
地址：台北市安和路一段73號
電話：02-2705-5119

Trio安和店
地址：台北市大安區敦化南路2段63巷54弄12號
電話：02-2703-8706

MR.83
地址：安和路一段83號
電話：02-2325-3883

Salud
地址：台北市大安區安和路二段77號
電話：02-8732-2332

Four Play
地址：台北市大安區東豐街67號
電話：02-2708-3898

Nox
地址：台北市大安區安和路二段71巷7號1樓
電話：02-2732-5826

N

500m

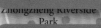

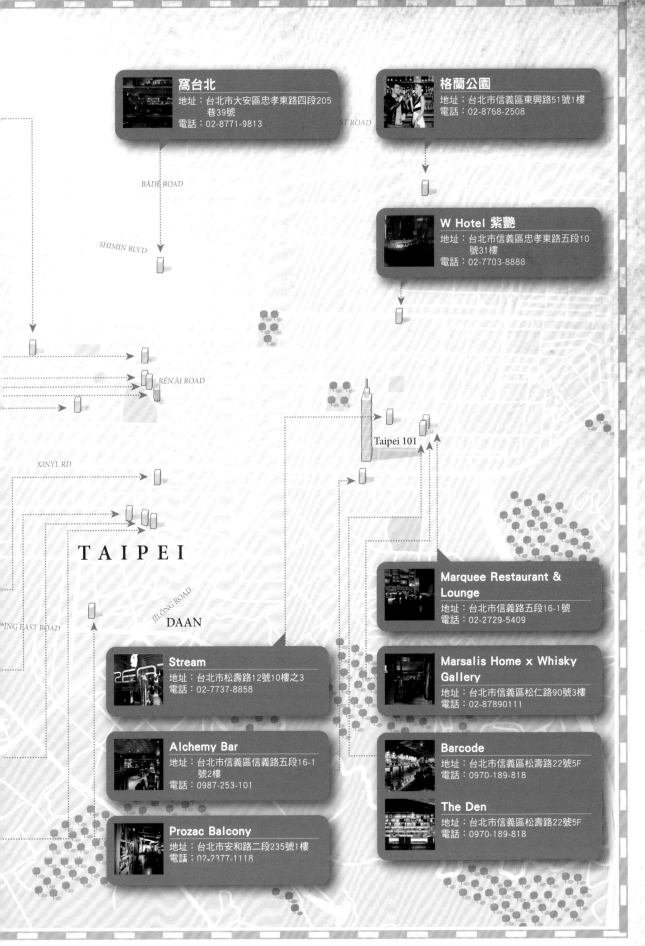

窩台北
地址：台北市大安區忠孝東路四段205
巷39號
電話：02-8771-9813

格蘭公園
地址：台北市信義區東興路51號1樓
電話：02-8768-2508

W Hotel 紫艷
地址：台北市信義區忠孝東路五段10
號31樓
電話：02-7703-8888

BĀDÉ ROAD

SHIMIN BLVD

ST ROAD

RÉN'ÀI ROAD

XINYI RD

Taipei 101

TAIPEI

JĪLONG ROAD

DAAN

ÍNG EAST ROAD

Marquee Restaurant &
Lounge
地址：台北市信義路五段16-1號
電話：02-2729-5409

Stream
地址：台北市松壽路12號10樓之3
電話：02-7737-8858

Marsalis Home x Whisky
Gallery
地址：台北市信義區松仁路90號3樓
電話：02-87890111

Alchemy Bar
地址：台北市信義區信義路五段16-1
號2樓
電話：0987-253-101

Barcode
地址：台北市信義區松壽路22號5F
電話：0970-189-818

The Den
地址：台北市信義區松壽路22號5F
電話：0970-189-818

Prozac Balcony
地址：台北市安和路二段235號1樓
電話：02-2377-1118

Japan
Sapporo
日本 札幌

CHUO
WARD

NISHI
WARD

TEINE
WARD

NORBESA

100m

N

● Sapporo
Hospital

● Hokkaidodai
Hospital

N

2km

Bar Ikkel
地址：Minami6 Nish4 Jasmac
　　　Sapporo No.6 2nd Floor,
　　　Chuo-ku
電話：+81 (0) 11 531 7433

Bar Brora
地址：Minami5 Nishi3 Latin Building
　　　3rd Floor,Chuo-ku
電話：+81 (0) 11 531 7433

The Bow Bar
地址：Minami4 Nishi2,7-5 Hoshi
　　　Building 8th Floor, Chuo-ku
電話：+81 (0) 11 532 1212

The Nikka bar
地址：Minami4 Nishi3 No.3 Green
　　　Building 2nd Floor, Chuo-ku
電話：+81 (0) 11 518 3344

Bar Yamazaki
地址：Minami3 Nishi3 Katsumi
　　　Building 4th Floor, Chuo-ku
電話：+81 (0) 11 221 7363

OTARU

Otaru
Station

OROROON LINE

INAHO
TOMIOKA

CHUO DORI

SAKAIMACHI
ODARI

NAGAHASHI BY-PASS

IRONAI

200m

*Sea of Japan
(East Sea)*

Ishikari Bay

Bar Hatta
地址：1-8-18, Hanazono, Otaru-shi
電話：+81 (0) 134 25 6031

Ise Zushi
地址：3-15-3, Inaho,Otaru-shi
電話：+81 (0) 134 23 1425

Sapporo

London UK

英國 倫敦

St. John's Wood

PRINCE ALBERT RD

Regent's Park

Camden Town ⊖

Regent's Park ⊖

⊖ Great
Portland
Street

MARYLEBONE RD

⊖ Edgware Rd

MORTIMER STR

EDGWARE RD

Marble
Arch

Bond Street ⊖ OXFORD STREET ⊖ Oxford
Circus

NEW BOND STREET

⊖ Lancaster Gate

Hyde Park

⊖ Green

Salt Bar & Dining Room
地址：82 Seymour Street,London
W2 2JB
電話：+44 (0) 20 7402 1155

Green Park

Bucking
Palace

Knightsbridge ⊖

Hyde Park
Corner

⊖ Victoria

⊖ South Knightsbridge

The Coburg Bar
地址：The Connaught Hotel,Carlos
Place, London W1K 2AL
電話：+44 (0) 20 7499 7070

The Athenaeum Hotel
地址：116 Piccadilly,
Mayfair,London W1J 7BJ
電話：+44 (0) 20 7499 3464

Boisdale
地址：15 Eccleston
Street,London SW1W 9LX
電話：+44 (0) 20 7730 6922

VICTO

LSEA

River Thames

Battersea
Park

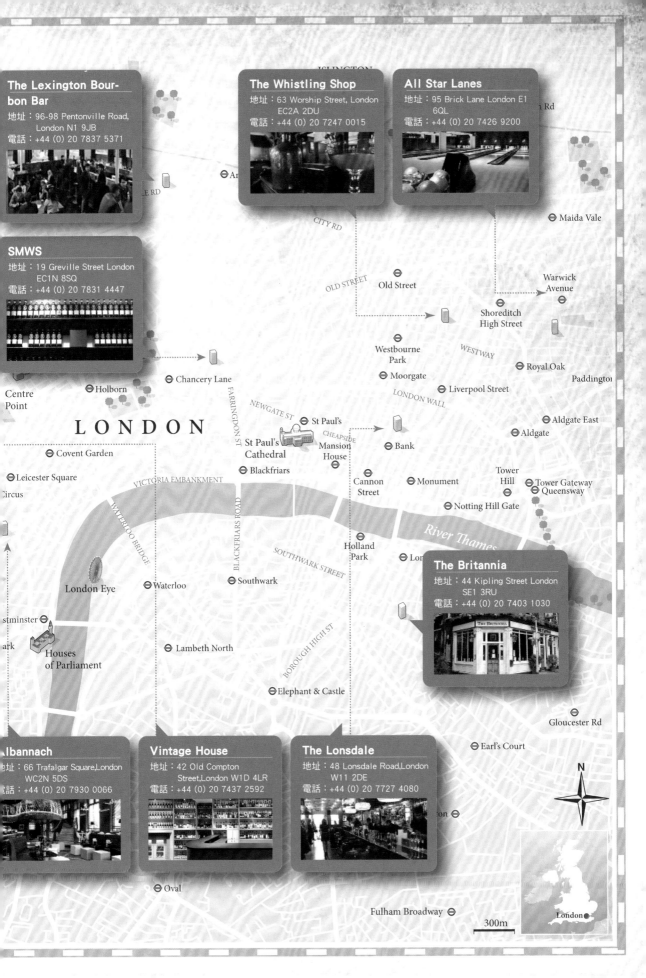

LONDON

The Lexington Bourbon Bar
地址：96-98 Pentonville Road, London N1 9JB
電話：+44 (0) 20 7837 5371

The Whistling Shop
地址：63 Worship Street, London EC2A 2DU
電話：+44 (0) 20 7247 0015

All Star Lanes
地址：95 Brick Lane London E1 6QL
電話：+44 (0) 20 7426 9200

SMWS
地址：19 Greville Street London EC1N 8SQ
電話：+44 (0) 20 7831 4447

The Britannia
地址：44 Kipling Street London SE1 3RU
電話：+44 (0) 20 7403 1030

lbannach
地址：66 Trafalgar Square,London WC2N 5DS
電話：+44 (0) 20 7930 0066

Vintage House
地址：42 Old Compton Street,London W1D 4LR
電話：+44 (0) 20 7437 2592

The Lonsdale
地址：48 Lonsdale Road,London W11 2DE
電話：+44 (0) 20 7727 4080

Maida Vale
Warwick Avenue
Old Street
Shoreditch High Street
Westbourne Park
Royal Oak
Paddington
Moorgate
Liverpool Street
Chancery Lane
Holborn
Centre Point
Covent Garden
Leicester Square
Circus
St Paul's
St Paul's Cathedral
Mansion House
Bank
Aldgate East
Aldgate
Blackfriars
Cannon Street
Monument
Tower Hill
Tower Gateway
Queensway
Notting Hill Gate
River Thames
Holland Park
Lon
Waterloo
Southwark
London Eye
stminster
ark
Houses of Parliament
Lambeth North
Elephant & Castle
Gloucester Rd
Earl's Court
on
Oval
Fulham Broadway
London

NEWGATE ST
CHEAPSIDE
LONDON WALL
WESTWAY
CITY RD
OLD STREET
FARRINGDON ST
VICTORIA EMBANKMENT
WATERLOO BRIDGE
BLACKFRIARS ROAD
SOUTHWARK STREET
BOROUGH HIGH ST
ISLINGTON

300m
N

Edinburgh

UK

英國 愛丁堡

Bon Vivant
地址：55 Thistle Street
電話：+44 (0) 131 225 3275

Bramble
地址：16A Queen Street
電話：+44 (0) 131 226 6343

West Princes
Street Gardens

National War
Museum

Royal Scots
Regimental
Museum

The Black Cat
地址：168 Rose Street
電話：+44 (0) 131 226 2990

Amber Restaurant
地址：354 Castlehill The Royal Mile
電話：+44 (0) 131 477 8477

Bow Bar
地址：80 West Bow
電話：+44 (0) 131 226 7667

Edinburgh

N

100m

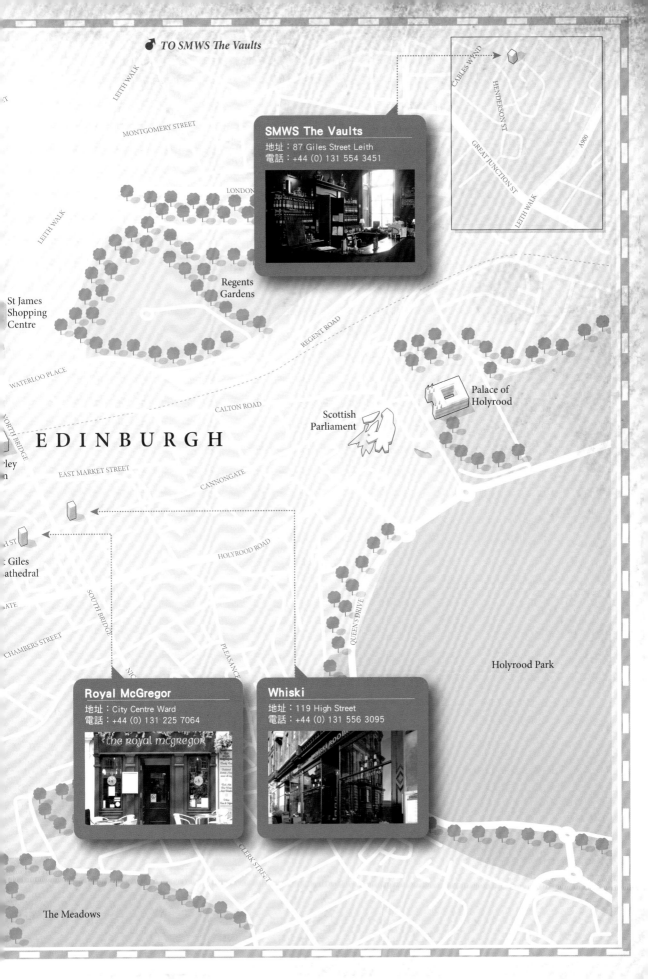

CABLES WYND

HENDERSON ST

GREAT JUNCTION ST

A 900

LEITH WALK

SMWS The Vaults

地址：87 Giles Street Leith
電話：+44 (0) 131 554 3451

LEITH WALK

MONTGOMERY STREET

LONDON

Regents
Gardens

St James
Shopping
Centre

REGENT ROAD

Palace of
Holyrood

WATERLOO PLACE

CALTON ROAD

Scottish
Parliament

North
Bridge

rley
n

EDINBURGH

EAST MARKET STREET

CANNONGATE

St Giles
Cathedral

HOLYROOD ROAD

GATE

SOUTH BRIDGE

CHAMBERS STREET

PLEASANCE

Holyrood Park

QUEEN'S DRIVE

NIC

Royal McGregor

地址：City Centre Ward
電話：+44 (0) 131 225 7064

Whiski

地址：119 High Street
電話：+44 (0) 131 556 3095

CLERK STREET

The Meadows

其他地區

東京

Bar A Vins Tateru Yoshino Park Hotel Tokyo	地 址：Shiodome Media Tower 1-7-1 Higashi Shimbashi, Minato-ku 105-7227, Tokyo 電話：+81 (0) 3 6252 1111
Bar High Five	地址：4th Floor, No. 26 Polestar Building, Tokyo, 7-2-14 Ginza 電話：+81 (0) 3 3571 5815
Bar Rage	地址：3F Aoyama Jin & IT Bldg, 7-13-13 Minami-Aoyama, Tokyo 電話：+81 (0) 3 5467 3977
Tender Bar	地址：Nogakudo Bldg, 6-5-15 Ginza, Tokyo 電話：+81 (0) 3 3571 8343
Star Bar Ginza	地址：Sankosha Building B1F, 1-5-13 Ginza, Tokyo 電話：+81 (0) 3 3535 8005
Lobby Bar and Lounge at the Ritz Carlton.	地址：Akasaka 9-7-1, Ritz-Carlton 45F, Tokyo 電話：+81 (0) 3 3423 8000
Lexington Queen	地址：3-13-14 Roppongi Tokyo Prefecture Minato, Tokyo 電話：+81 (0) 3 3401 1661
Bar Whisky-S	地址：Kaneko Building B1, 3-3-9, Ginza, Chuo-ku, Tokyo, 104-0061 電話：+81 (0) 3 5159 8008
Bar Atrium Ginza	地址：Okura Building annex, 3-4-4, Ginza, Chuo-ku, Tokyo, 104-0061 電話：+81 (0) 3 3564 2888

香港

b.a.r. Executive Bar	地址：銅鑼灣耀華街 3 號百樂中心 27 樓 電話：+852 (0) 2893 2080
Angel's share	地址：中環蘇豪荷李活道 23 號金珀苑 2 樓 電話：+852 (0) 2805 8388 網址：www.angelsshare.hk
The Canny Man	地址：灣仔駱克道 57-73 號香港華美粵海酒店地庫 電話：+852 (0) 2861 1935 網址：www.thecannyman.com
千日里	地址：香港島中環干諾道中 5 號香港文華東方酒店 1 樓 電話：+852 (0) 2825 4009 網址：www.mandarinoriental.com.hk/hongkong/dining/restaurants/the_chinnery

上海

南十字星	地址：徐匯區淮海中路 1276 號 電話：+86 (0) 21 5404 7211
Malt Fun	地址：徐匯區湖南路 123 號 電話：+86 (0) 21 6212 8728
CONSTELLATION BAR	**NO. 1 酒池星座（新樂路店）** 地址：徐匯區新樂路 86 號 電話：+86 (0) 21 54040970 **NO. 2 酒池星座（永嘉路店）** 地址：盧灣區永嘉路 33 號 電話：+86 (0) 21 54655993 **NO. 3 酒池星座（丁香路店）** 地址：浦東新區丁香路 1399 弄 30 號鄰里之家 2 樓 電話：+86 (0) 21 50339882
Lab. whisky & cocktail.	地址：靜安區武定路 1093 號 , Shanghai, China 電話：+86 (0) 21 6255 1195 網址：weibo.com/u/2879739754

台南・高雄

TCRC 二店	地址：台南市中西區新美街 117 號 電話：06-222-8716
麥芽 Malt Public House	地址：台南市劍南路 77 號 2 樓 電話：06-226-6591
Mini Fusion	地址：高雄市荃雅區林德街 1 0 巷 4 號 電話：07-715-8671
Marsalis Bar 馬沙里斯爵士酒館	地址：高雄市新興區中正四路 71 號 2F 電話：07-281-4078
Mini Enclave 聚落	地址：高雄市美術東五路 120 號 電話：07-550-1388
Ann Cocktail Lounge	地址：高雄市新興區達仁街 34 號 電話：07-222-3072
Bridge bistro 鑫橋人文餐酒館	地址：高雄市前金區新盛一街 26 號 電話：07-285-4165

Whisky and Spirits Research Centre
台北威士忌圖酒館

2012 年底，Whisky and Spirits Research Centre 正式落成了。

對於品飲威士忌的環境與氛圍，或許與我過去在英國求學與造訪過百餘間酒廠的經歷影響，我一直有著憧憬，希望有一個地方，擺滿木頭家具與皮沙發，有著昏黃氣氛的光線照映著木頭，不是老舊、是濃濃舊舊的復古英式風。整面牆的木板層架上擺滿各式各樣以及各家我造訪過酒廠的威士忌，最好還有許多限量的珍貴版本與收藏版。也一定要有個長吧台，品飲威士忌必須的品酒杯等必須一應俱全，可以在裡面舒適奢侈的品飲限量威士忌搭配雪茄，對於威士忌的熱愛如我，人生夫復何求！

Whisky and Spirits Research Centre 就是我的夢想落實，就在台北、距離我們很近的地方，而且獨一無二。現在這裡是我辦公、想事情、做生意以及邀請好朋友與威士忌愛好者聚會的地方，我知道，大家在這裡的時光一定跟我一樣很愉悅與享受。

這裡是夢想的實現地、也是許多新夢想的發源中心，只要是有關威士忌的理想與夢想都可以恣意地在這裡被創造與啟發，於是我們也在這裡舉辦一場一場的品酒

會與威士忌教學會，希望更多愛好威士忌的同好與我們一起成長與被滋養。同時，因為這裡對於我就像年代久遠的圖書館般壯觀與富有意義，而又可以豪氣的說這裡的威士忌酒遠遠多過於比書。說圖書館太猖狂，於是私心又驕傲的稱這裡是「Whisky Library 威士忌圖酒館」！

　　對於 Whisky and Spirits Research Centre 的規劃從 2010 年就開始，除了品酒會與教學課程場地之外，基於我一直認為「酒是拿來喝的，不是拿來看的」，目前正朝著將層架上都放滿開過的酒為目標持續努力著，威士忌加上其它基酒總共可以達到 1,000 至 2,000 支不同的酒。秉持著圖書館的概念，以後若有其它作家要寫酒類的書籍，不好找的酒種或是產區可以來這邊找到。也希望不久的將來會在這裡舉辦「Bartender Training Programme 調酒師教育訓練」，讓台灣 Bartender 們有機會喝過各種不同的酒、體驗其味道，對他們在調酒的技藝上才會精進，對於酒類產業才算真正的貢獻。

SMWS（The Scotch Malt Whisky Society）
蘇格蘭麥芽威士忌協會介紹

大約在 1970 年中期，一小群愛好威士忌的好朋友聚在一起，一同品嚐出自 Glanfarclas 蒸餾廠的一桶麥芽威士忌原酒，從此開始了蘇格蘭麥芽威士忌協會（The Scotch Malt Whisky Society，簡稱 SMWS）的歷史。

協會從過去到現在一直堅持用單一酒桶的威士忌直接裝瓶成單桶原酒（Single Cask Strength）和不採取冷過濾裝瓶方式，只會在裝瓶前過濾掉一些肉眼可見的雜質。認為每一桶酒都是那麼的獨特、與眾不同的，而當一桶威士忌酒被喝完，它也就永遠的消失，那相同的感動也不會再重複。

SMWS 每星期舉辦一次的選酒品酒會，由蘇格蘭威士忌業界的大師 Charles Maclean 擔任主席，並為會員撰寫品酒心得筆記。為了確保會員喝到的是一流的威士忌原酒，協會的選酒團隊有一套非常嚴格的選酒標準。無論是否為知名酒廠所生產的酒，都必須通過層層考驗與無情的批判；所有酒必須通過過半數人認可，並超過

協會規定的分數標準，才能有機會裝瓶；根據協會選酒團隊多年的經驗，每次通過認可的酒不到審核的 1/3。經過 20 多年的嚴格選酒標準，建立了 SMWS 在威士忌業界卓越的聲譽。協會所挑選的酒不僅有極高的品質保證，也從未讓會員失望過。這也是為何 SMWS 全球的會員逐年增加的最主要原因。

SMWS，除了是一個會員制的威士忌協會之外，同時也是一個品牌。與世界 129 間知名威士忌蒸餾廠合作，不僅涵蓋大多數的蘇格蘭威士忌蒸餾廠（包括已關廠的），也涵蓋了許多知名的愛爾蘭與日本威士忌蒸餾廠。將每個酒廠的橡木桶內的原酒（Single Cask），裝入協會瓶中，完全不添加其它東西，呈現威士忌原本的風貌。

在包裝上，為避免對於品牌約定俗成的看法，協會酒款統一以數字標示，小數點前方的數字代表酒廠編號、小數點後方的編號代表桶號。每桶只能裝出幾百瓶，每一瓶都是獨一無二口感，當一桶喝完後，就不會再有同樣口感的酒出現。數量稀少且珍貴。

SMWS 在威士忌業界享有非常超然的地位，這使得大多數的酒廠都樂於跟 SMWS 合作 。SMWS 不僅是全世界最大與人數最多的威士忌專業組織，也是世界上少數擁有會員私人專屬的俱樂部的組織。目前在全球共有 15 個分會，全世界的會員超過 3.8 萬人，以及 5 個專屬的會員俱樂部；在愛丁堡總部的俱樂部還設有會員專屬的飯店，提供到蘇格蘭旅行的會員一個休息的地方。台灣也於 2007 年正式成為蘇格蘭麥芽威士忌協會在亞洲的第二個分會。

The Scotch Malt Whisky Society Taiwan	SMWS 台灣會員室
蘇格蘭麥芽威士忌協會 台灣分會	Marsalis Home X Whisky Gallery
網址：www.smws.com.tw	地址：台北市信義區松仁路 90 號 3F
	電話：02 2723 6278
	網址：www.facebook.com/marsalishome

參考資料

書籍

《開始享受單一純麥威士忌》田中四海、吉田恒道著，2011 年 1 月初版，漫遊者文化。

《威士忌全書：最完整權威的全球威士忌指南》麥可・傑克森（Michael Jackson）著，姚和成譯，2007 年 12 月出版，積木文化。

101 Whisky to Try Before You Die：Ian Buxton 著，2010 年初版，Hachette。

First Refill Edition Enjoying Malt Whisky　Par Caldenby 著，2007 年出版，Kristianstads Boktryckeri AB, Sweden。

Japanese Whisky Facts, Figures and Taste　Ulf Buxrud 著，2008 年出版，DataAnalys Scandinavia。

Jim Murray's Whisky Bible 2009　Jim Murray 著，2008 年出版，DGB。

Malt Whisky Companion　Helen Arthur 著，2004 年再版，Apple。

Malt Whisky Yearbook 2010　2009 發行，MagDig Media Limited。

Michael Jackson's Malt Whisky Companion　Michael Jackson 著，2004 年出版，DK。

Scotland and It's Whiskies　Michael Jackson 著，2005 再版，Duncan Baird Publishers。

Scotch Missed Scotland's Lost Distillerie　Brian Townsend 著，2004 年出版，The Angel's Share。

The Enthusiast's Course on Enjoying Malt Whisky　Par Caldenby 著，2006 年初版，Malartyckeriet, Stockholm, Sweden。

The Malt Whisky File　John Lamond and Robin Tucek 著，2007 年四版，Canongate。

The Whisky Men　Gavin D. Smith 著，2005 年出版，Birlinn。

The Whisky River Distilleries of Speyside　Robin Laing 著，2007 年出版，Lauth Press Limited。

World Whisky　Charles Maclean 著，2009 年出版，DK。

Whisky and Scotland　Neil M. Gunn 著，1988 年再版，Souvenir Press Ltd.

雜誌

《威士忌雜誌國中文版》VOL.09，2013 春季號。華銘資本有限公司。

Whisky Magazine：Issue 108，2013 冬季號。Paragraph Publishing Ltd.

網路

威士忌達人學院：www.whiskymaster.com.tw/index.asp

蘇格蘭麥芽威士忌協會 台灣分會：www.smws.com.tw

Scotland Whisky：www.scotlandwhisky.com

WHISKY.COM.TW 網站：www.whisky.com.tw

Whisky.Com：www.whisky.com

Whisky Marketplace：www.whiskymarketplace.tw

Spirits：www.spirits.com.tw

Scotland.Com：www.scotland.com

Visit Scotland：www.visitscotland.com

Scotch Whisky.Net：www.scotchwhisky.net

蘇格登官方網站：www.singleton.com.tw

品酒網：www.p9.com.tw

全球單一純麥威士忌一本就上手

作　　者／黃培峻
封面設計／王皓、申朗創意
裝禎設計／申朗創意
攝　　影／陳至凡、尹德凱
編輯協力／王維穎、陳皓萱、陳韻竹、張育瑞
行銷業務／夏瑩芳、陳雅雯、王綬晨、邱紹溢、張瓊瑜、李明瑾、蔡瑋玲、郭其彬
主　　編／王辰元
企劃主編／賀郁文
總 編 輯／趙啟麟
發 行 人／蘇拾平
出　　版／啟動文化
　　　　　台北市105松山區復興北路333號11樓之4
　　　　　電話：（02）2718-2001　傳真：（02）2718-1258
發　　行／大雁文化事業股份有限公司
　　　　　台北市105松山區復興北路333號11樓之4
　　　　　24小時傳真服務（02）2718-1258
　　　　　讀者服務信箱 Email:andbooks@andbooks.com.tw
　　　　　劃撥帳號：19983379
　　　　　戶名：大雁文化事業股份有限公司

初版1刷／2013年05月　2版5刷／2019年4月
定　　價／599元（平裝）
　　　　　699元（精裝）
ISBN 978-986-89311-4-5（平裝）
ISBN 978-986-89311-5-2（精裝）

歡迎光臨大雁出版基地官網www.andbooks.com.tw
訂閱電子報並填寫回函卡

國家圖書館出版品預行編目(CIP)資料

單一純麥威士忌一本就上手 / 黃培峻作. -- 初版. -- 臺北市：
啟動文化出版：大雁文化發行, 2013.05
　面；　公分
　ISBN 978-986-89311-4-5(平裝). --
　ISBN 978-986-89311-5-2(精裝)

1.威士忌酒 2.品酒 3.製酒 4.酒業

463.834　　　　　　　　　　　　　102007497